太阳能压缩式热泵
性能及数值模拟

王洪利　张振迎　田景瑞　等著

北　京
冶　金　工　业　出　版　社
2016

内 容 提 要

本书以太阳能压缩式热泵系统为研究对象，采用理论分析和数值模拟方法，分别对串联式太阳能热泵系统和并联式太阳能热泵系统进行了研究。热泵工质选用 R134a、R1234yf 和 R744 三种典型制冷剂，以逆卡诺循环为基准，研究了压力、温度和膨胀机代替节流阀等因素对热泵系统性能的影响；通过太阳能理论分析，对集热器和储热水箱进行了模拟计算；对热泵压缩机、冷凝器（CO_2 循环中气体冷却器）、回热器和储热水箱等进行了数值模拟；编制了串联式和并联式太阳能压缩式热泵性能分析程序，研究了辐射强度、集热器出口温度、蒸发温度、冷凝器出口温度、压缩机排气压力和压缩机效率等因素对系统性能的影响；建立了系统㶲分析模型，对循环中各设备进行了㶲损失分析。

本书可供从事制冷和热泵产品设计、生产及运行的工程技术人员使用，也可供高等工科院校制冷低温等专业本科生和研究生教学使用，同时还可供从事能源与节能工作的科技人员参考。

图书在版编目（CIP）数据

太阳能压缩式热泵性能及数值模拟/王洪利等著 . —北京：
冶金工业出版社，2016.3
ISBN 978-7-5024-7171-2

Ⅰ.①太… Ⅱ.①王… Ⅲ.①太阳能—压缩式—水源
热泵—研究 Ⅳ.①TH3

中国版本图书馆 CIP 数据核字（2016）第 044683 号

出　版　人　谭学余
地　　　址　北京市东城区嵩祝院北巷 39 号　邮编　100009　电话　(010)64027926
网　　　址　www.cnmip.com.cn　电子信箱　yjcbs@cnmip.com.cn
责任编辑　常国平　美术编辑　吕欣童　版式设计　孙跃红
责任校对　卿文春　责任印制　牛晓波
ISBN 978-7-5024-7171-2

冶金工业出版社出版发行；各地新华书店经销；三河市双峰印刷装订有限公司印刷
2016 年 3 月第 1 版，2016 年 3 月第 1 次印刷
169mm×239mm；13.25 印张；259 千字；202 页
39.00 元

冶金工业出版社　投稿电话　(010)64027932　投稿信箱　tougao@cnmip.com.cn
冶金工业出版社营销中心　电话　(010)64044283　传真　(010)64027893
冶金书店　地址　北京市东四西大街 46 号(100010)　电话　(010)65289081(兼传真)
冶金工业出版社天猫旗舰店　yjgycbs.tmall.com
（本书如有印装质量问题，本社营销中心负责退换）

前　言

目前，能源和环境问题已经成为制约人类社会高速发展的主要问题，在社会各种关系中，人与自然的和谐发展日益显得重要与紧迫。酸雨、植被破坏、温室效应、臭氧层空洞、海洋污染等诸多生态环境问题已经成为全球关注的焦点。为推动经济、社会和环境的友好发展，节能和环保已经成为 21 世纪全球共同关注的首要问题。

随着人民生活水平的不断提高，过去满足人们温饱问题已经转变到对生活舒适度的追求。传统的北方冬季供暖，南方夏季制冷，到现在北方冬季不仅供暖、夏季还要制冷，南方夏季不仅制冷、冬季还要供暖。在社会总能耗中建筑能耗所占的比重正在逐年增大，建筑能耗主要包括家用电器、建筑的制冷与供暖等，所占比重已经达到社会总能耗的三分之一，所以对降低建筑能耗问题的研究潜力巨大。对于制冷空调和热泵行业，由于本身耗能加上传统制冷剂对环境的破坏，节能和制冷剂替代成为本领域的前沿课题。

太阳能属于一种可再生的清洁能源，分布广、储量大，同时具有很强的季节性和地域性。太阳能直接加热热水用于生活所用或冬季供暖，产生的热水波动很大，遇到极冷低温或阴雨天气甚至不能利用。热泵属于一种逆向循环，其效率较高，尤其在小温差下的效率更高。但极端天气对热泵影响很大。其中，空气源热泵在冬季极低温度时制热效果很差甚至不能工作。综合太阳能和热泵特点，可以将热泵和太阳能热水系统联合应用，将太阳能储热水箱中回收的热量经热泵加热用于冬季供暖，进而提高联合系统的效率。

本书以太阳能压缩式热泵系统为研究对象，采用理论分析和数值模拟方法，分别对串联式太阳能热泵系统和并联式太阳能热泵系统进行了研究，旨在提高系统性能。热泵工质选用 R134a、R1234yf 和 R744 三种典型制冷剂，以逆卡诺循环为基准，研究了压力、温度和膨胀机代替节流阀等因素对热泵系统性能的影响；通过太阳能理论分析，对集热器和储热水箱进行了计算；对热泵压缩机、冷凝器（CO_2 循环中气体冷却器）、回热器和储热水箱等进行了数值模拟；编制了串联式和并联式太阳能压缩式热泵性能分析程序，研究了辐射强度、集热器出口温度、蒸发温度、冷凝器出口温度、压缩机排气压力和压缩机效率等因素对系统性能的影响；建立了系统㶲分析模型，对循环中各设备进行了㶲损失分析。

本书由田景瑞撰写第 1 章，张振迎撰写第 2 章，唐琦龙撰写第 3、4 章，侯秀娟撰写第 5、6 章压缩机模拟部分，刘慧琴撰写第 5、6 章气体冷却器模拟部分，张强撰写第 5、6 章冷凝器和回热器模拟部分，贾宁撰写第 6 章太阳能储热水箱部分和第 7 章。路聪莎、杜远航、刘馨、张率华负责资料整理工作。王洪利负责全书的统稿工作。

本书的出版得到了华北理工大学现代冶金技术省重点实验室和河北省自然科学基金项目（E2015209239）的资助。感谢所有为本书研究提供参考文献的国内外作者。

由于作者水平所限，书中不妥之处，敬请广大读者批评指正。

作　者

2015 年秋于华北理工大学

目　　录

1 绪 论

1.1 研究背景

目前，能源和环境问题已经成为制约人类社会高速发展的主要问题，在社会各种关系中，人与自然的和谐发展日益显得重要与紧迫。酸雨、植被破坏、温室效应、臭氧层空洞、海洋污染等诸多生态环境问题已经成为全球关注的焦点。为推动经济、社会和环境的友好发展，节能和环保已经成为 21 世纪全球共同关注的首要问题[1]。

我国的经济发展近些年来增速平稳，GDP 每年都基本保持了 8% 的增长速度，有些年份增速超过了 10%。经济增长速度虽然是可喜的，但是我国经济增长的粗放型方式却依然没有改变，单位 GDP 的能耗比发达国家还是要高很多，日本的 GDP 单位能耗强度只是我国的六分之一。随着经济的飞速发展，我国消耗的能源数量已经跃居世界前列。

在社会总能耗中建筑能耗所占的比重正在逐年增大，建筑能耗主要包括家用电器、建筑的制冷与供暖等，所占比重已经达到社会总能耗的三分之一，所以对降低建筑能耗问题的研究潜力巨大。对于制冷空调行业，由于本身耗能加之传统制冷剂对环境的破坏，节能和制冷剂替代成为本领域的前沿课题，引起国内外专家学者和科技人员越来越多的关注；同时，越来越多的国内外资金项目也加大了对该领域的前沿性和创新性研究的资助力度。

虽然我国自然资源储量丰富，但是由于我国人口基数大，人均资源占有量较世界人均水平低 50%。预计到 2030 年我国能源短缺量将达到 2.5 亿吨标准煤，到 2050 年约为 4.6 亿吨标准煤，将占世界煤炭消费总量的一半以上[2]。我国目前石油对需求的保证有 40% 的缺口，按照目前的发展趋势，预计到 2020 年我国石油进口量将达到 2.5 亿吨，对进口石油的依赖程度达到 60%[3]。所以无污染的太阳能等清洁能源的开发与利用引起了广泛关注。

1.1.1 环境保护和可持续发展

在人类社会高速发展的今天，全球范围内的能源和环境问题越发显得重要和迫切。人类在享受丰富物质生活的同时，也对环境造成了很大破坏。正如恩格斯在《自然辩证法》[4]中所说的："我们不要过分陶醉于我们对自然界的胜利。对于每一次这样的胜利,自然界都报复了我们。"人类在享受生产力巨大发展所带来的丰厚回报的同时,也遭到自然界的无情报复。1962 年,Rachel Carson 的《寂静的春天》,揭开了人与自然共同生存问题的思考[5];1972 年 3 月,罗马俱乐部发表的《增长的极限》研究报告,深入分析了人与自然之间的关系,指出自然资源是有限的,人类必须自觉地抑制增长,否则将使人类社会陷入崩溃[6]。"我们不只是继承了父辈的地球,而是借用了儿孙的地球",这句话寓意深刻,《联合国环境方案》曾用这句话来告诫世人。1972 年 6 月,在瑞典斯德哥尔摩召开的联合国人类环境会议(United Nations Conference on the Human Environment)是世界环境保护运动史上一个重要的里程碑。它是国际社会就环境问题召开的第一次世界性会议,标志着全人类对环境问题的觉醒。1972 年出版的《只有一个地球》[7]一书为可持续发展观奠定了理论基础;1981 年,美国学者布朗在《建设一个可持续发展的社会》的著作中首次使用并阐述了"可持续发展"的新观点[8]。1987 年,联合国环境与发展大会(UNCED)的报告《我们共同的未来》对可持续发展进行了明确定义。

1992 年,联合国环境与发展大会(UNCED)通过了《21 世纪议程》报告,并最终促进了 1997 年《京都议定书》的签订[9]。中国政府于 1994 年 3 月通过了《中国 21 世纪议程》,其战略目标确定为"建立可持续发展的经济体系、社会体系和保持与之相适应的可持续利用资源和环境基础"。

1.1.2　臭氧层破坏和温室效应

常规制冷剂对环境的影响主要表现在对臭氧层的破坏和产生温室效应。臭氧层破坏和温室效应表现在臭氧含量不断减少和 CO_2 浓度不断增加,将会对人类居住的环境产生巨大的影响,甚至是灾难性后果[10,11]。臭氧层破坏和温室效应已经成为全球共同关注的问题。

臭氧层破坏和温室效应已经成为国际间的共同问题,增强环境保护意识,走社会可持续发展的道路,已经成为必然选择的途径。在开展环保制冷剂的替代研究中,启用自然工质不失为一条最安全的途径。

1.1.3　制冷剂替代及 CO_2 自然工质重新启用

随着 CFCs、HCFCs 禁用的提出,对制冷剂替代的研究方兴未艾。近十多年来科学家们通过不懈努力,研究出大量的过渡性或长期的 CFCs 和 HCFCs 替代物,并研究出相应的应用技术及设备,在制冷和空调行业得到广泛的应用。20 世纪 90 年代,美国杜邦、联信、英国帝国化学公司、美国环保局(EPA)和美国 ARI(制冷学会)提出了自己的替代物[12]。

目前,制冷剂替代主要有两条途径:以德国、瑞典等欧盟国家为代表的一派主张采用碳氢化合物做制冷剂，认为采用生态系统中现有的天然物质作为制冷剂，可从根本上避免环境问题，替代物为 R717、R744、R290、R600a 四种；以美国和日本为代表的另一派主张采用 HFCs 等人工合成制冷剂。

在制冷剂历史上，人类最初使用的是 CO_2、NH_3 和 SO_2 等自然工质。19 世纪后期，CO_2 作为制冷剂曾被广泛应用在船用制冷机中。随后，性能优良的合成制冷剂逐渐替代了 CO_2 的作用。近 20 多年，臭氧层破坏和温室效应问题日益突出，合成制冷剂的使用开始受到人们的质疑，自然工质的研究开始复苏[13]。

作为自然工质，CO_2 具有很多优点[14]：（1）环境友好性（ODP = 0，GWP = 1）；（2）容积制冷量大；（3）无毒、不可燃；（4）压比小，导热性好；（5）与 PAG 和 POE 等合成润滑油互溶性好；（6）价格便宜等。另外，CO_2 也具有一些不足之处，如临界温度较低（30.98℃）、临界压力很高（7.377MPa）、系统效率较低等。尽管 CO_2 作为制冷工质具有一些缺点，但已故前国际制冷学会主席 G. Lorentzen 仍认为 CO_2 是无可取代的制冷工质，并提出跨临界循环理论，指出作为制冷工质，CO_2 制冷循环不宜采用普通工质的亚临界循环，而是采用跨临界循环形式，其可望在制冷空调和热泵领域发挥重要作用。

1.1.4　太阳能热泵联合应用技术

太阳能属于一种可再生的清洁能源，分布广、储量大，同时具有很强的季节性和地域性。太阳能直接加热热水供生活所用或冬季供暖，产生的热水波动很大，遇到极冷低温或阴雨天气甚至不能利用。热泵属于一种逆向循环，其效率较高，尤其在小温差下的效率更高。但极端天气对热泵影响很大，其中，空气源热泵在冬季极低温度时制热效果很差甚至不能工作。综合太阳能和热泵特点，可以将热泵和太阳能热水系统联合应用，将太阳能储热水箱中回收的热量经热泵加热用于冬季供暖，进而提高联合系统的效率。

1.2　太阳能的特点及利用技术

1.2.1　太阳能的特点

太阳向宇宙空间发射的辐射功率为 $3.8×10^{23}$ kW 的辐射值，其中二十亿分之一到达地球大气层。到达地球大气层的太阳能，30% 被大气层反射，23% 被大气层吸收，47% 到达地球表面，其功率为 $8×10^{13}$ kW，也就是说太阳每秒钟照射到地球上的能量就相当于燃烧 500 万吨煤释放的热量。全球人类目前每年能源消费的总和只相当于太阳在 40min 内照射到地球表面的能量。

太阳能是储量巨大、可再生的清洁能源，在地球已经经历过的数十亿年中，太阳只向外界辐射了其自身能量的 2%。如果人类能够充分开发利用太阳能，完全可以供给人类几十亿年使用，而且太阳能对环境的危害几乎为零，也不会排放任何温室气体，是人类在以后发展中需要充分利用和开发的清洁可再生能源。

太阳能在通过大气层时能量会被耗散，受到空气问题以及气候等多种因素的影响。由于上述所描述的特点，要求太阳能利用设备有较大的集热器面积；为了降低太阳能供给热量的间歇性，太阳能系统还应装备储热装置，这些让太阳能热利用系统的初期设备投资变得很大。由于需要供给普通建筑供暖用水及生活热水温度不要求很高，采用太阳能热利用设备可以做到热能能级的合理匹配和调控。

1.2.2　太阳能利用形式

太阳能常见利用形式主要分为如下几种：

（1）被动式太阳房。区别于主动式太阳房，被动式太阳房不需要任何机械与动力设备。被动式太阳房的设计要考虑建筑物的朝向、当地太阳高度角的大小、外围护的结构及材料、建筑内部空间及蓄热材料的选择，使建筑物本身能够高效地收集、存储和分配太阳辐射能，无需辅助热源，并且达到冬季采暖、夏季遮阳降温的作用。按不同的采集太阳能的方式，被动式太阳房大致可分为直接收益式太阳房、集热-蓄热墙式太阳房、附加阳光间式太阳房、屋顶池式太阳房、直接收益窗和集热墙组合式太阳房。

（2）太阳能集热器。太阳能集热器吸收太阳辐射，将有效热能传给传热工质，并且最大限度地保证吸收的热量不再散失，传热工质多选择液态物质或空气[15]。太阳能集热器的工作温度范围广，在生活、工业、娱乐业等场所采暖、供热水等诸多领域中已经广泛应用了太阳能集热器。从国内市场来看，一半以上的太阳能系统中应用的是真空管式集热器。平板型集热器在耐久性、适用工况、耐压上还不及真空管集热器。但是平板型太阳能集热器造价低廉、故障率低、热传递性、与传热介质的相容性较好[16]，应进一步提高平板型太阳能集热器的效率以及透明盖板、吸热板的加工工艺。

（3）太阳能热水器。太阳能热水器是世界太阳能热利用产业中的骨干。太阳能热水器的使用，能大幅缓解由于热水消耗量的增加而引起的能源供应压力和环境压力[17]。太阳能热水器代替电热水器，每平方米采光面积节电 300kW·h/a，削弱了城市的晚间用电高峰。但是，现有许多太阳能热水器的功能尚不完善，品种、规格、尺寸等都不满足建筑的要求，承载、防风、避雷等安全措施不够健全[18]。为了使太阳能热水系统成为民用建筑的配套设备，科研人员在最大限度地优化太阳能热水系统的产品结构功能、热水系统与建筑整合设计、太阳能与常规能源的匹配等方面进行了研究。

（4）太阳能采暖系统。太阳能采暖系统就是一种主动式的太阳能热利用系统，由太阳能集热器、蓄热设备、辅助热源和循环水泵等设备组成，可以吸收、存储太阳能，达到连续采暖的效果。但是，系统的运行温度较低，因为太阳能集热器的效率随着运行温度的升高而降低。我国大部分冬季需要采暖的地区，目前大多广泛使用的是短期蓄热的太阳能采暖系统，太阳能保证率在 20%~40%[19]之间。预计到 2020 年，我国新建的节能建筑中，约 10% 的建筑中应用太阳能采暖系统，每年可节约 660 万吨标准煤。

1.2.3 我国太阳能的分布

我国太阳能光照资源丰富，全国 60% 以上的地区年辐射总量大于 5020MJ/$(m^2 \cdot a)$，年平均日照小时数大于 2000h。我国太阳能资源分布见表 1-1。

表 1-1 我国太阳能资源分布

类型	日照 /$h \cdot a^{-1}$	年辐射 /$MJ \cdot (m^2 \cdot a)^{-1}$	等量热量所需标准燃煤 /kg	主要地区	备注
一类	3200~3300	6680~8400	225~285	宁夏北部，甘肃北部，新疆南部，青海西部，西藏西部	最丰富地区
二类	3000~3200	5852~6680	200~225	河北西北部，山西北部，内蒙古南部，宁夏南部，甘肃中部，青海东部，西藏东南部，新疆南部	较丰富地区
三类	2200~3000	5016~5852	170~200	山东，河南，河北东南部，山西南部，新疆北部，吉林，辽宁，云南，陕西北部，甘肃东南部，广东南部	中等地区
四类	1400~2000	4180~5016	140~170	湖南，广西，江西，浙江，湖北，福建北部，广东北部，陕西南部，安徽南部	较差地区
五类	1000~1400	3344~4180	115~140	四川大部分地区，贵州	最差地区

我国大部分省市太阳能资源都比较丰富，尤其是在我国西北部，如青海、新疆、西藏等地；而我国人口密度比较大的中东部，如河北、北京、山东、山西也是太阳能分布比较丰富的地区。如果太阳能利用技术能够在这些省市大规模发展利用，节约的一次能源耗费和减少的污染物排放将是十分巨大的。

图 1-1 为中国年平均太阳能总辐射量月变化，图 1-2 为中国年平均太阳能直接辐射总量月变化，图 1-3 为中国年平均太阳能直射比月变化，图 1-4 为中国年平均日照时数总量月变化。

我国属太阳能资源丰富的国家之一，全国总面积 2/3 以上地区年日照时数大于 2000h，年辐射量在 5000MJ/m^2 以上。据统计资料分析，中国陆地面积每年接收的太阳辐射总量为 $3.3 \times 10^3 \sim 8.4 \times 10^3 MJ/m^2$，相当于 2.4×10^4 亿吨标准煤的储量。

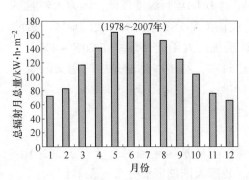

图 1-1 中国年平均太阳能总辐射量月变化　图 1-2 中国年平均太阳能直接辐射总量月变化

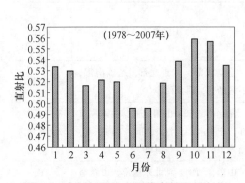
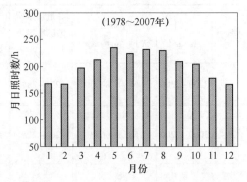

图 1-3 中国年平均太阳能直射比月变化　图 1-4 中国年平均日照时数总量月变化

根据国家气象局风能太阳能评估中心划分标准，我国太阳能资源地区分为以下四类[20]：

一类地区（资源丰富带）：全年辐射量在 6700～8370MJ/m²，相当于 230kg 标准煤燃烧所发出的热量。主要包括青藏高原、甘肃北部、宁夏北部、新疆南部、河北西北部、山西北部、内蒙古南部、宁夏南部、甘肃中部、青海东部、西藏东南部等地。

二类地区（资源较富带）：全年辐射量在 5400～6700MJ/m²，相当于 180～230kg 标准煤燃烧所发出的热量。主要包括山东、河南、河北东南部、山西南部、新疆北部、吉林、辽宁、云南、陕西北部、甘肃东南部、广东南部、福建南部、江苏中北部和安徽北部等地。

三类地区（资源一般带）：全年辐射量在 4200～5400MJ/m²，相当于 140～180kg 标准煤燃烧所发出的热量。主要是长江中下游、福建、浙江和广东的一部分地区，春夏多阴雨，秋冬季太阳能资源还可以。

四类地区：全年辐射量在 4200MJ/m² 以下。主要包括四川、贵州两省。此区是我国太阳能资源最少的地区。

一、二类地区，年日照时数不小于2200h，是我国太阳能资源丰富或较丰富的地区，面积较大，占全国总面积的 2/3 以上，具有利用太阳能的良好资源条件。

1.2.4　世界太阳能的分布

世界太阳能资源丰富的地区主要集中在非洲、南美洲、欧洲大部分地区和亚洲大部分区域。北非地区是全球太阳辐照最强的区域。中东几乎所有国家太阳能辐射能量都很高。

美国也是世界太阳能资源最丰富的地区之一[21]。全国一类地区太阳年辐照总量为 9198~10512MJ/m^2；二类地区太阳年辐照总量为 7884~9198MJ/m^2；三类地区太阳年辐照总量为 6570~7884MJ/m^2；四类地区太阳年辐照总量为 5256~6570MJ/m^2；五类地区太阳年辐照总量为 3942~5256MJ/m^2。澳大利亚的太阳能资源也很丰富。全国一类地区太阳年辐照总量为 7621~8672MJ/m^2；二类地区太阳年辐照总量为 6570~7621MJ/m^2；三类地区太阳年辐照总量为 5389~6570MJ/m^2；四类地区太阳年辐照总量也几乎都高于 6570MJ/m^2。

1.3　CO_2跨临界热泵系统组成及研究现状

与大多数常规制冷剂相比，CO_2的临界温度很低（30.98℃），因此 CO_2 的放热过程是在接近或超过临界点的区域的气体冷却器中进行的，这也是"跨临界"一词的来源。

随着 CO_2 跨临界循环技术在热泵热水器、汽车空调和工商业制冷等领域的不断深入研究和应用，随之配套的压缩机、节流阀、膨胀机、气体冷却器和蒸发器等也都得到了不同程度的发展。目前，欧洲（主要是挪威、德国、丹麦和荷兰等）、亚洲（主要是日本）和美国三个地域水平发展比较快，也在一定程度上代表了国际先进水平。

1.3.1　压缩机

活塞压缩机适用压力范围广、材料要求低、加工较容易和技术上较为成熟，因此，在各种场合，特别是在中小制冷范围内，成为制冷压缩机中应用最早、生产批量最大的一种机型。

1989 年，挪威科技大学（NTNU）的 Fagerli 等人首次进行了 CO_2 跨临界循环试验[22]，其选用的压缩机为丹麦 SABROE 公司制造的 CO_2 双缸活塞压缩机，如图 1-5 所示。该类型压缩机工作压力为 4~12MPa，转速为 500~5000r/min，壳体材料为钢和铝。压缩机容积30cm^3，30℃时进、出口压力为 4MPa 和 12MPa，转速为 600~9500r/min，容积效率可达 70%~80%。

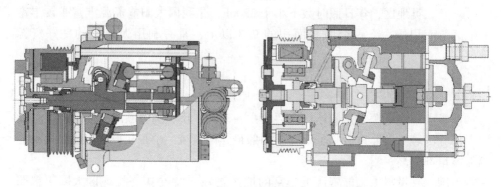

图 1-5 丹麦 SABROE 公司的 CO_2 双缸活塞压缩机

意大利 DORIN 公司开发的半封闭活塞压缩机已开始批量生产，产品包括跨临界和亚临界两种类型，工作压力达 14MPa，分为单级双缸和双级双缸，排量分别为 3.5 ~ 10.7m³/h 和 3.0 ~ 12.6m³/h，额定转速为 1450 ~ 2900r/min（50Hz）[23]。

CO_2 单位容积制冷量为常规工质的 5~7 倍，因此，常规工质 20cm³ 容积的压缩机，对于 CO_2 压缩机，其容积可下降到 2.5cm³ 左右。图 1-6 所示为 Danfoss 公司生产的容积为 2.5cm³ 的 CO_2 活塞压缩机，其产量已经超过 50000 台，主要用于热泵及售货机等领域[24]。

奥地利的 OBRIST 公司开发的 CO_2 汽车空调压缩机如图 1-7 所示。该类型压缩机可分为定排量和变排量两种形式[25]。瑞士 Zurich 大学对 CO_2 无油压缩机进行了研究，主要用于食品行业，实现 CO_2 跨临界循环冷藏保鲜功能，如图 1-8 所示[26]。该压缩机为单级半封闭式，由高效变速永磁同步电机驱动，4 个缸体呈十字对称分布，吸气压力为 3.5MPa，排气压力为 8 ~ 15MPa，转速为 500 ~ 3000r/min，功率为 500W。

图 1-6 Danfoss 生产的 CO_2 压缩机　　　　图 1-7 OBRIST 生产的 CO_2 压缩机

日本 SANYO 公司开发了 CO$_2$ 双级滚动活塞压缩机，如图 1-9 所示[27]。第一级排气分成两部分：一部分制冷剂进入第二级压缩腔，压缩后成为第二级高压排气；另一部分制冷剂进入壳体内保证壳体的压力为中间压力，然后再进入二级压缩腔。该压缩机额定功率 750W，吸气压力 3.2MPa，排气压力 9.2MPa，等熵效率超过 80%。

图 1-8　CO$_2$ 无油压缩机　　　　　图 1-9　CO$_2$ 双级活塞压缩机

日本静冈大学与日本 DENSO 公司合作开发了往复式活塞压缩机[28]。吸气压力 3.5MPa，排气压力 10.1MPa，活塞直径 15mm，行程 19.8mm，余隙容积效率 6.5%。测试结果表明，容积效率为 70%，低于理论设计值 91.7%，绝热效率约为 80%。

摆动转子压缩机比往复活塞压缩机尺寸小 40%～50%，重量约轻 50%，组成部件少 30%～39%，结构简单[29]。由于没有往复运动力作用，因此摆动转子压缩机具有很好的动平衡特性，所有这些特点使得小功率（小于 10kW）转子压缩机在家用空调和汽车空调市场上占有很重要的地位。

日本 Dakin 公司开发了 CO$_2$ 摆动转子压缩机，如图 1-10 所示[30]。该压缩机尺寸为 ϕ126mm×265mm，容积为 3.4cm^3，采用永磁式同步直流电机。主要用于 CO$_2$ 热泵热水器和汽车空调。Ohkawa 等研究表明，气缸的高/直径的比值降低，压缩机效率提高。与 R410A 压缩机强度比较，CO$_2$ 摆动转子压缩机最大应力均不大于 R410A 压缩机，这也表明 CO$_2$ 压缩机具有较小的偏心距。

文献［29］给出了一种设计新型的全封闭转子式压缩机模型，如图 1-11 所示。该类型压缩机采用独特的摩擦减小技术和密封结构，特色在于气缸和转子分别绕各自固定轴线旋转，气缸、滑板等部件紧密啮合，因此，克服了转子活塞压缩机摩擦损失大、泄漏严重、机械平衡差以及运行周期短等问题[31]。

日本 DENSO 公司开发了 CO$_2$ 涡旋压缩机[32]，如图 1-12 所示。压缩机的容积为 3.3cm^3，尺寸为 ϕ137mm×285mm，采用直流电机和变频器。为降低摩擦损失采用滚动轴承，精密的加工和装配可降低泄漏损失，使压缩机达到高效运转。

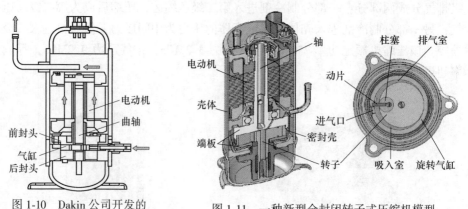

图 1-10 Dakin 公司开发的
CO_2 摆动转子压缩机

图 1-11 一种新型全封闭转子式压缩机模型

在 R410A 涡旋压缩机的基础上，日本松下（Matsushita）公司开发了 CO_2 涡旋压缩机，制冷量为 2.5~5.0kW，如图 1-13 所示[33]。通过减少涡圈圈数，降低涡圈高度，设计耐高压的壳体和排气端盖。测试结果表明，容积效率与 R410A 压缩机相差不大，压缩机的效率大于 70%。另外，Matsushita 公司还对不带储液器的 CO_2 涡旋压缩机进行了研究，在减小摩擦损失、泄漏损失和降低运行噪声等方面取得了一定效果。

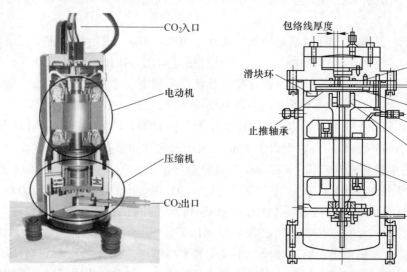

图 1-12 DENSO 公司开发的 CO_2 涡旋压缩机

图 1-13 松下公司开发的 CO_2 涡旋压缩机

西安交通大学邢子文教授对 CO_2 跨临界往复活塞压缩机进行了研究[34]。基于质量守恒、能量平衡和动量定理，对吸/排气阀气体流动、泄漏及阀体运动进行了分析，如图 1-14 所示。通过气缸内压力和温度等热力学参数计算，探讨了制冷量及系统 *COP* 值，压缩过程中 CO_2 物性参数及传热特性等也给予了研究，如图 1-15 所示。

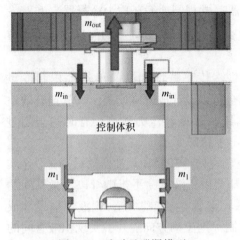

图 1-14　流动及泄漏模型

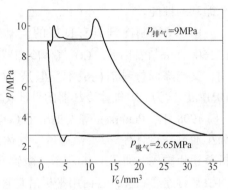

图 1-15　压缩机 p-V_c 图

1.3.2　膨胀装置及膨胀机

在制冷循环中，膨胀装置主要作用：节流降压，使低压液态制冷剂在蒸发器中蒸发吸热；调整供入蒸发器的制冷剂的流量，以适应蒸发器热负荷的变化，使制冷装置更加有效的运转。

Danfoss 公司、美国 Purdue 大学 Li Daqing 和 Groll 等人对 CO_2 膨胀阀进行了研究[35]。加拿大 Y. Chen 等[36]对 CO_2 跨临界循环用毛细管进行了研究。日本 Denso 公司开发了 CO_2 热泵热水器中可变喷嘴面积的引射器[37]。

针对 CO_2 跨临界循环节流损失大，约占系统总损失的37.2%。采用膨胀机回收膨胀功，进而可以提高系统效率[38]。

1994 年，Lorenzen 教授就提出用膨胀机代替节流阀来提高系统效率的方法。德国的 Maurer 和 Zinn 对轴向斜盘活塞式 CO_2 膨胀机和内齿轮泵 CO_2 膨胀机进行了试验研究[39]。挪威科技大学 NTNU 试验室的 E. Tondell 对 CO_2 透平膨胀机进行了试验研究[40]。美国 Purdue 大学的 Robinson 和 Groll 对 CO_2 跨临界循环带膨胀机与不带膨胀机装置进行了分析[41]。美国 UIUC 大学的 ACRC 研究中心对汽车空调上应用 CO_2 离心式膨胀机进行了研究[42]。

在国内，天津大学热能研究所从 2000 年就开始了 CO_2 膨胀机的研究，目前已开发出了第三代滚动活塞膨胀机。试验结果表明，该膨胀机的绝热效率为30%以上，最高效率达到46%，具体结构参见文献［43］。文献［44］和［45］

对引射器系统进行了分析。

1.3.3　换热器

CO_2跨临界循环换热器包括气体冷却器（常规制冷循环称为冷凝器）和蒸发器是外界流体与内部制冷剂进行热、冷量交换的场所，其效率如何将直接反映整个循环的性能。

由于CO_2制冷剂具有良好的流动特性、传热特性和高的单位容积制冷量（$22600kJ/m^3$），因此，CO_2气体冷却器完全可以设计成紧凑模式，既节省有效空间，又能降低材料消耗成本。但是，CO_2跨临界循环压力较高，有时甚至超过10MPa，这为CO_2气体冷却器的设计又提出了特殊要求。

1998年，Pettersen等人提出了CO_2空调气体冷却器和蒸发器"微通道"（实为小通道）设计理念。"微通道"气体冷却器由积液管、平行微管以及微管间的折叠翅片构成，如图1-16所示。微管嵌入积液管"插槽"上，积液管被设计成两根平行连通圆管，管内用平板沿垂直于制冷剂流动方向隔开，实现积液管间的多流程。文献［46］对该气体冷却器进行了性能研究。但室外换热器结霜和室内机结露等问题仍有待解决。

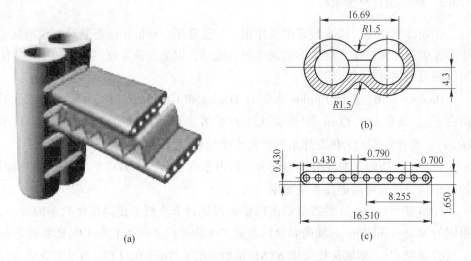

图 1-16　CO_2汽车空调"微通道"气体冷却器

（a）"微通道"几何结构；（b）积液管截面；（c）"微通道"换热管截面

Skaugen等人对不同类型CO_2制冷系统换热器建立了模型，并进行了计算机模拟［47］。美国Maryland大学的Hwang和Radermacher建立了CO_2跨临界循环系统数学模型，进行了相关仿真研究［48］。上海交通大学陈江平教授和丁国良教授分别对CO_2汽车空调换热器进行了试验研究和仿真分析［49］。

　　CO_2气体冷却器的另一个用途就是应用于热泵热水器。20世纪80年代，挪威 SINTEF/NTNU 研究所首先对 CO_2 热泵热水器进行了研究。在 2001~2002 年，日本一些企业把 CO_2 热泵热水器推向了市场，并开发了不同形式的 CO_2 气体冷却器，如图 1-17 所示。

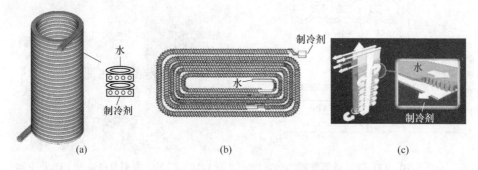

图 1-17　CO_2 热泵热水器的气体冷却器结构

　　国内外很多企业对 CO_2 跨临界循环气体冷却器进行了研究，图 1-18 所示为 CO_2 内螺旋管式气体冷却器。天津大学热能研究所自行开发了 CO_2 套管式气体冷却器，如图 1-19 所示。

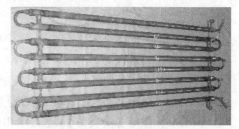

图 1-18　CO_2 内螺旋管气体冷却器　　　　图 1-19　天津大学热能研究所
　　　　　　　　　　　　　　　　　　　　　　　　CO_2 套管气体冷却器

　　与气体冷却器一样，CO_2 蒸发器也是制冷循环中的重要设备。CO_2 蒸发器首先被开发应用于汽车空调，形式为机械扩展管翅式结构，如图 1-20 所示。第二代蒸发器由一些小直径圆管组成，为解决耐压和小管径涨管加工难的问题，开发了第三代"平行流"微通道蒸发器。图 1-21 给出了汽车空调用 R134a 和 CO_2 蒸发器的样机。从外观看，CO_2 蒸发器结构紧凑、迎风面积较小，但制冷能力却比较大[50]。

　　Kim 等人[51]利用有限容积方法对 CO_2 汽车空调微通道蒸发器的性能进行了研究。结果表明，理论模型与试验结果符合得很好。Honggi Cho[52] 等人对 R22 空调系统的微通道蒸发器的性能进行了研究。他们利用湿度热量测试仪，分别对 8 个蒸发器模型进行测试。结果表明，微通道蒸发器的有效面积对制冷量的影响较大，流体流动特性对压降损失有轻微影响，而制冷剂质量流量对压降的影响表现为相反趋势。

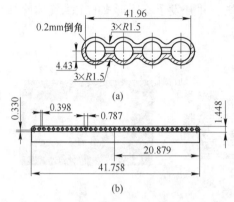

图 1-20　CO_2 微通道蒸发器

图 1-21　汽车空调用 R134a 和 CO_2 蒸发器

　　Rin Yun 等人[53]对 CO_2 空调系统微通道蒸发器进行了数值模拟。利用现有的关联式，对空气侧和制冷剂侧的传热和压降进行了计算，并在 CO_2 和 R134a 试验台上分别对该模型进行了验证。结果表明，该模型精确性很好，偏离误差可控制在 6.8% 以内。鉴于蒸发器尺寸、出口空气参数以及制冷量要求，需要对进口空气速度、流量等参数进行优化。

　　国内，很多高校或企业对跨临界 CO_2 蒸发器进行了试验和仿真研究[54]。天津大学热能研究所从 1997 年开始对 CO_2 跨临界循环研究，随着系统不断完善优化，开发设计了一系列的蒸发器模型与产品[55]。

　　换热器性能是影响 CO_2 跨临界循环系统效率的关键因素。针对运行压力高、单位容积制冷量大以及良好的流动性和传热特性，如何降低加工成本，开发高效、紧凑的 CO_2 换热器产品，是 CO_2 制冷空调和热泵产品推向市场的关键。

1.3.4　CO_2 跨临界循环

　　基于 CO_2 制冷剂良好的特性和循环部件制造加工水平的不断提高，CO_2 制冷空调和热泵研究日益增多，并且很多产品已经实现了批量化生产，并推向了市场。CO_2 跨临界循环具有排气温度高、温度滑移大以及气体冷却器出口温度越低、系统性能越好等特点。因此，CO_2 跨临界循环非常适用于热泵系统。

　　1996 年，挪威 SINTEF/NTNU 研究所建立了世界上第一台制热量为 50kW 的 CO_2 热泵热水器试验台，如图 1-22 和图 1-23 所示。

　　当气体冷却器的进、出口温度分别为 10℃和 60℃时，系统 COP 值超过了 4；蒸发温度为 0℃，热水出口温度由 60℃升到 80℃，系统 COP 值仅由 4.3 降到 3.6；最高出水温度可达 90℃以上，系统运行稳定。基于 CO_2 热泵热水器可以获得高温热水，并且具有很高的系统 COP 值，因此，CO_2热泵热水器在宾馆、医院以及食品行业等领域起着重要作用。

图 1-22　SINTEF/NTNU 50kWCO_2 热泵

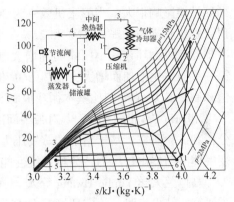

图 1-23　热泵型 CO_2 跨临界循环 T-S 图

(图中数字代表各循环点)

S. D. White 等人[56]对一台制热量为 115kW 的热泵系统进行了研究。当蒸发温度为 0.3℃，制取热水温度 77.5℃时，系统制热 COP 值为 3.4。模型分析表明，当气体冷却器出口水温由 65℃升高到 120℃时，系统制热量和制热 COP 值分别减小 33% 和 21%。

文献［57，58］对 CO_2 跨临界循环两代膨胀机性能进行了试验研究。试验结果表明，两代滚动活塞膨胀机性能以第二代为优；膨胀机的转速对膨胀机效率乃至整个跨临界循环系统性能都有影响，因此存在一个最优转速；摩擦和泄漏仍是制约膨胀机效率的最大因素。

K. Endoh 等人[59]开发了家庭用 CO_2 热泵热水器，其制热量为 23kW，COP 值为 4.6，并配套开发了涡旋压缩机和换热器。R. Kern 和 J. B. Hargreaves 等人对 CO_2 跨临界循环热泵热水器性能进行了分析[60]。当排气压力为 10.5MPa，蒸发温度为 0~15℃，气体冷却器进口水温为 19~30℃，气体冷却器出口水温为 60℃时，测得制热量为 4.5~8.6kW，系统 COP 值为 2.1~3.7。

基于膨胀机代替节流阀能够很大程度提高 CO_2 跨临界循环性能，文献［61］采用当量温度法对 CO_2 跨临界水-水热泵膨胀机系统进行了研究。结果表明，降低气体冷却器入口温度或增加冷却水流量，不仅能提高系统性能，而且可以降低最优高压压力；提高蒸发器入口水温或增大冷冻水流量，均有利于系统性能的提高，但对最优高压压力影响不显著。

由于 CO_2 跨临界循环的压比小、压差大、节流损失大以及当量冷凝温度高等特点，可以采用双级压缩减少压缩功和降低当量冷凝温度以提高系统性能[62]。

文献［63］对 CO_2 跨临界带膨胀机循环、带中间冷却器双级循环和带闪蒸罐双级循环的性能进行了对比研究。分析结果表明，室外温度为 5℃ 和 35℃ 时，基本循环系统制热 COP 值和制冷 COP 值分别为 3.3 和 2.5，压缩机排气压力对循环性能影响很大；当膨胀机效率为 30%，膨胀机循环制热 COP 值和制冷 COP 值分别比基本循环提高 32% 和 22%，高压下膨胀机泄漏问题需要改善；带中间冷却器双级循环在减小压缩功和增大制冷量方面具有积极意义，制冷 COP 值随第一级压缩比增加而增大，制热 COP 值反而降低；带闪蒸罐双级循环制热 COP 值和制冷 COP 值分别比基本循环提高 5.8% 和 9%。

Alberto Cavallini 等人[64]对带中间冷却器的 CO_2 跨临界双级循环进行了理论分析和试验研究。基于给定的蒸发压力、过热度和气体冷却器出口温度，通过改变气体冷却器出口压力，分析系统性能变化情况。

马里兰大学 Yunho Hwang 等人[65]对 CO_2 双级循环涡旋压缩机中间补气进行了研究。结果表明，给定环境温度 46℃，带补气循环的制冷量和系统 COP 值比不带补气循环相应指标分别高 11.3% 和 3.2%。

文献［66］对用于热泵热水器的一种双转子压缩机进行了理论研究，这是用于 CO_2 跨临界双级循环热泵热水器的专用压缩机。图 1-24 和图 1-25 分别给出了 CO_2 双转子压缩机结构和偏心轴随转角的受力情况。

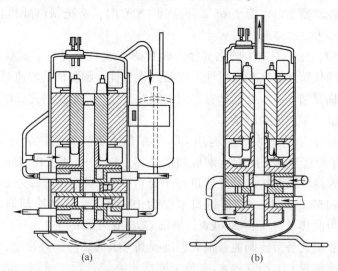

(a)   (b)

图 1-24 CO_2 双转子压缩机结构

(a) 中间压力腔外形；(b) 高压腔外形

美国 Maryland 大学 Radermacher 等人对 CO_2 跨临界三种双级循环进行了分析，结果表明，分流一级节流循环可提高性能 38%~63%。美国 PURDUE 大学

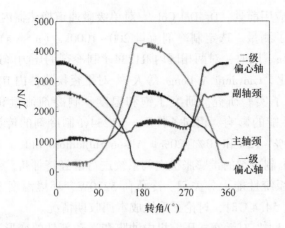

图 1-25　偏心轴随转角受力情况

J. S. Baek 和 E. A. Groll[67] 对 CO_2 跨临界双级循环的压比进行了分析。结果表明，存在最优中间压力使系统的 *COP* 值最大，如果采用双级压比相同的方法确定中间压力，则使 *COP* 值减小 9%。西安交通大学的顾兆林等人也对 CO_2 跨临界双级循环系统在低蒸发温度下的性能进行了分析[68]。

文献［69］对带膨胀机三种 CO_2 双级循环进行了热力学分析，分析表明，带膨胀机双级循环 *COP* 值显著提高系统性能。为了减小压缩机耗功，膨胀机被设计成与压缩机同轴连接。分析表明，膨胀机和高压级压缩机连接系统 *COP* 值要高于膨胀机和低压级压缩机连接。

1.4　R134a 和 R1234yf 热泵技术研究现状

基于制冷剂的 *ODP* 和 *GWP* 问题，未来环保制冷剂要求 *ODP* 值为零和 *GWP* 值小于 150。R1234yf 制冷剂的 *ODP* 值和 *GWP* 值分别为零和 4，被美国环保部和欧洲 REACH 法规认为是可用的替代制冷剂，已经在北美和欧洲的汽车空调中使用，具有很好的应用前景。R1234yf 制冷空调和热泵循环中，压缩机内部含润滑油的制冷剂泄漏对系统性能影响很大。

Sad Jarall[70] 以 550W 转子式压缩机制冷试验台为基础，对 R134a 和 R1234yf 制冷剂性能进行了对比研究。结果表明，两者性能比较相似，R1234yf 制冷剂可作为 R134a 的替代物。J. Navarro-Esbri 等人[71] 对压缩式循环中 R1234yf 制冷剂替代 R134a 的可行性进行了试验研究。相同冷凝温度下，R1234yf 制冷循环 *COP* 值比 R134a 循环约低 19%；相同工况下，R1234yf 循环制冷量比 R134a 循环约低 9%；辅助中间换热器，R1234yf 制冷循环性能和 R134a 循环接近。在蒸发温度 39℃和过热度 3~8℃条件下，Ki-Jung Park 等人[72] 对制冷剂 R1234yf 和 R134a 性能进行了对比研究。结果表明，作为汽车空调制冷剂 R134a 的替代物，R1234yf

制冷剂具有很好应用前景。D. Del Col[73]对单级微通道换热器内 R1234yf 制冷剂的传热系数进行了测量。选定制冷剂流量 200～1000kg/（$m^2 \cdot s$），R1234yf 传热系数要低于 R134a。同时，对两相区内 R1234yf 制冷剂的压力降进行了测量并与 R134a 进行了对比。Giovanni A. Longo 等人[74]对平板换热器内 R1234yf 制冷剂的换热和压降进行了实验研究。研究了饱和温度、制冷剂流量和蒸气过热度对 R1234yf 制冷剂性能的影响。相同条件下，R1234yf 制冷剂的传热系数和压降分别比 R134a 低 10%～12% 和 10%～20%。Alison Subiantoro 和 Kim Tiow Ooi[75]对使用 R1234yf 和 CO_2 制冷剂的带膨胀机空调系统进行了经济评价。结果表明，膨胀机的效率对提高系统性能十分关键。冷负荷 5270W、环境温度 35℃、蒸发温度 7.2℃ 和冷凝温度 54.4℃ 时，讨论了系统成本回收期情况。

J. R. Cho 等人[76]对活塞式压缩机内油膜和运动部件的变形进行了分析。指出制冷剂的泄漏和运动部件的变形对不可逆损失有显著影响。基于热力学分析、实验研究和数值模拟，文献 [77] 对高温热泵 R1234ze（E）和 R1234ze（Z）两种制冷剂性能进行了研究。研究表明，压降引起的不可逆损失对系统 COP 影响较大。文献 [78] 对 R1234yf 制冷剂性能进行了研究，认为是 R134a 制冷剂的良好替代物。

上海理工大学的张太康等人[79]对空气源热泵热水器分别用 R134a、R417a 和 R22 制冷剂的各种典型工况下的性能进行了试验，为热泵热水器的设计及工质替代提供了资料。西安交通大学邢子文等人[80]利用螺杆压缩机设计计算软件，对 R134a 螺杆压缩机的泄漏特性进行了研究。对不同转速和运行工况下，制冷剂通过通道的泄漏及其对压缩机效率的影响进行了研究。文献 [81] 对 R134a/R744 复叠式制冷系统进行了研究。R134a/R744 复叠式制冷系统以 CO_2 作为低温级制冷剂，R134a 作为高温级制冷剂。设定低温级 CO_2 蒸发温度为 -35℃，冷凝温度为 -5℃；高温级 R134a 蒸发温度为 -1℃，冷凝温度为 45℃。模拟表明，系统性能系数 COP 值为 1.75。

西安交通大学吴江涛等人[82]对汽车空调制冷剂 R134a 的替代物 R1234yf 和 R1234ze 物性进行测试。在压力高达 100MPa 和 9 条等温线（283～363K）下，得到 128 组 R1234yf 实验数据和 131 组 R1234ze 实验数据，并对测量不确定因素进行分析。结果表明，测量可信度为 0.95，制冷剂 R1234yf 和 R1234ze 误差分别为 0.33% 和 0.23%。汪琳琳等人[83]对水平管内的 R1234yf 制冷剂的换热和压降进行了实验研究。换热管内径为 4mm，制冷剂流量为 100～400kg/（$m^2 \cdot s$），饱和温度为 40℃、45℃ 和 50℃，分别研究了质量流量、干度、饱和温度和热物性对换热系数的影响。上海交通大学陈江平等人[84]对微通道内 R1234yf 制冷剂的 6 个换热关联式进行了理论分析和实验验证。相同条件下，R1234yf 制冷剂的传热系数比 R134a 制冷剂的略低；随着干度增加，两种制冷剂的传热系数均下降。

上海交通大学祁照岗[85]对汽车空调蒸发器内 R1234yf 制冷剂性能进行了试验研究。平板蒸发器内，R1234yf 制冷量比 R134a 减小约 8%；微通道蒸发器内，R1234yf 制冷量比 R134a 增加约 6.5%。两种蒸发器内，R1234yf 压降均高于R134a。天津大学杨昭等人[86]对制冷剂有限时间泄漏进行了分析。研究并得到了储罐系统泄漏速度与时间的关系式，解决了制冷剂储罐有限时间泄漏扩散的浓度分布，指出有限时间泄漏模型更能反映制冷剂泄漏的实际扩散。天津大学热能研究所对相关制冷剂的物性进行了研究[87]。上海理工大学姜昆等人[88]采用基团贡献原理以及多项式拟合方法，建立了符合精度要求的 R1234yf 制冷剂的热物性模型，利用数学软件对模型进行编程求解，得到了较为全面的 R1234yf 制冷剂的热物性数据。

1.5 太阳能热泵系统组成及研究现状

太阳能集热器与热泵联合起来，就组成了一种新型的能源利用方式，太阳能集热器通过吸收太阳辐射能作为热泵的低位热源，与热泵的蒸发器相连接。太阳能集热器吸收的太阳能被热泵提取吸收后，通过蒸发—压缩—冷凝—节流四个过程，冷凝器加热热媒，热媒温度被提升之后，用来供给生活用水和室内供暖。太阳能热泵兼备了清洁能源使用和节能两个特点，未来发展前景广阔。

太阳能热泵系统可分为三类：混合连接系统、并联式连接系统和串联式连接系统。串联系统又包括非直膨式连接系统和直膨式连接系统，如图 1-26 所示。热泵的蒸发器和太阳能集热器分别属于两部分：一部分是水回路，另一部分是制冷剂回路。蒸发器吸收来自太阳能集热器的热量，最后通过冷凝器向用户端放热。

直接膨胀式太阳能热泵系统如图 1-27 所示。该系统与常规串联式太阳能热泵系统不同，制冷剂直接冲注入太阳能集热器内，太阳能集热器除了具有吸收太阳能的功能，还具有热泵蒸发器的功能。直膨式太阳能热泵系统省去了单独的热泵蒸发器，使整个系统结构更为简单，成本降低，是一种新型高效的太阳能热利用技术。

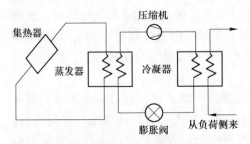

图 1-26 串联式太阳能热泵系统

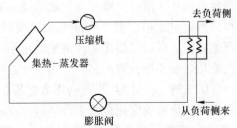

图 1-27 直接膨胀式太阳能热泵系统

　　并联式太阳能热泵系统中的热泵和串联式系统中的热泵不同。串联式系统中热泵的驱动热源为经过太阳能集热器加热的水。并联式系统中由于热泵与太阳能集热器各自独立工作，因此热泵的驱动热源为室外空气，热泵的类别为空气源热泵，如图1-28所示。当太阳能辐射强度较低的时候，热泵与太阳能集热器共同工作来供给热量；当太阳能辐射强度较高的时候，只运行太阳能集热器。由于雾霾和污染的影响，像唐山、北京这样的北方城市，冬季的时候太阳能辐射强度无法满足单独室内供暖的需求，大部分都需要添加热泵辅助加热。

　　混合连接系统实际上是把串联式系统与并联式系统相结合，如图1-29所示。混合连接系统中设有两个蒸发器，一个以被太阳能加热的热水为热源，一个以空气为热源。当太阳能辐射强度较高时，关闭空气源热泵，即只利用以水为热源的蒸发器；当太阳能辐射强度较低时，空气源热泵启动，共同供热。

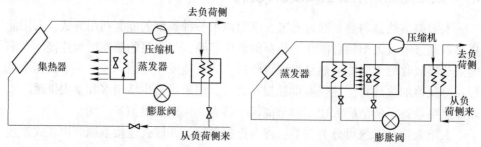

图1-28　并联式太阳能热泵系统　　　　图1-29　混合连接式太阳能热泵系统

1.5.1　国内研究现状

　　我国在20世纪50年代就对热泵开始进行研究，但基于历史条件等因素，发展缓慢，而对太阳能辐射热的利用研究基本处于初级阶段，进入90年代才进入相关的研究阶段。

　　马文瑞[89]通过改进系统配置和优化，对串联式非直膨式太阳能热泵系统进行了深入的模拟研究，通过太阳能理论计算，求得集热器表面接收太阳能辐射能量情况。通过改变热泵容量，对系统进行多次模拟，最终得出当热泵容量取原热泵容量的0.7倍时，系统运行最节能。通过改变蓄热水箱的容积进行模拟，最终得出系统中水箱容积为50m³。通过模拟得出集热器的最优倾角为55°，与规范推荐值相符。最后，提出了改进的适用于严寒地区的集热系统防冻方案，结论对太阳能热泵安全运行有利。

　　旷玉辉、张开黎[90]等利用典型的非直膨式串联系统，通过对太阳辐射强度和房间热负荷的变化进行多种运行工况的调节，实现了太阳能热泵的常规运行，（即白天蓄热供热运行）、夜间运行（即夜间或阴雨天取热供热运行）及太阳能直接运行。常规运行工况下，以热力学第一、第二定律为基础对太阳能热泵系统各部件的能量平衡和㶲平衡方程进行了分析。

王如竹[91]等对直膨式太阳能热泵热水器（DX-SAHPWH）在不同气候条件下的性能进行了预测仿真。通过用 Visual Basic 软件编写仿真程序，在输入时间步长、气象参数、部件结构等模拟了热泵系统的运行，从而预测在不同气候条件下设备的性能（热水升温、系统 COP、压缩机耗功、集热效率）。最后通过对 DX-SAHPWH 系统进行实验与仿真计算结果对比，得出了系统性能随气象条件变化的数据，并据此制定出 DX-SAHPWH 全年运行的变频策略，为系统的长期高效运行提供可参考的依据。

裴刚[92]以太阳能光热、光电综合利用和多功能性热泵开发为核心，分别提出了光伏-太阳能热泵系统（PV-SAHP）和多功能热泵系统（MDHP）的设计思路。PV-SAHP 把热泵循环应用于太阳能光电/光热综合利用中，是一种高效的主动式太阳能利用方式，提高、稳定了太阳能光热转换的输出温度，维持光电转换在较低工作温度下进行转换效率。MDHP 实现了对热泵循环制冷量和制热量的综合利用，具有较高的能源利用效率。建立了多功能热泵系统和光伏-太阳能热泵系统的数学模型，对两系统的机理和性能等方面进行了深入分析。

黎佳荣[93]提出了太阳能多功能热泵辅助系统。使用三台换热器、一套节流装置和一台压缩机的联合应用，能够在七种功能模式下进行空气调节和制取热水。在太阳能辅助供暖和热泵热水器方面比普通空调和热水器具有很大的节能优势，尤其在太阳能辅助供暖方面，制热 COP 值可以达到 4.2，远远高于同等条件下普通室内单独制热 COP 值为 2.6。对于大多数中东地区而言，丰富的太阳能资源以较低的代价得到利用；在供给热水方面，相比常规热水器可以节能 76%。

赵军通过使用平衡均相理论建立了太阳能集热器两相流模型，用四阶 Runge-Kutta 方法对数学模型进行求解，从理论上对分别以 R134a 与 R12 作为工质的直接膨胀式太阳能热泵的性能进行了研究，并通过与实验结果的对比，验证了数学模型的可靠性。指出在合适的室外温度、太阳能辐射强度和冷凝温度下，采用 R134a 作为工质，直接膨胀式太阳能热泵的性能系数 COP 值可以达到 4.0~6.5，压缩机的排气温度较采用 R12 作为工质的要低，对压缩机的冷却和良好运行是有好处的，但在实际使用中还需要考虑与润滑油、密封材料的兼容问题。

孔祥强[94]利用分布参数法建立了集热器和冷凝器的均相流动数学模型，用集总参数法建立了压缩机和电子膨胀阀的数学模型，把各部件模型和制冷剂充注量模型有机结合在一起。分析表明，随着 R410A 制冷剂充注量的增加，集热器有效得热量和压缩机瞬时功率逐渐增大，集热器集热效率会有较大幅度提高，但是对系统性能 COP 值和冷凝压力的影响较小。

文献 [95] 介绍了我国的太阳能资源以及国内外太阳能集热器的发展和研究现状。图 1-30 给出了平板型太阳能集热器结构示意图。建立了以空气温度和含湿量为变量的湿空气热物性参数计算方程，利用向前差分法计算了喷淋室内空气与水之间的热质交换过程；提出了给定平板太阳能空气集热器模型的热效能计算方法。利用 Fortran 语言编程，分析了集热器工作介质分别为干空气和相对湿度为 50% 的湿空气条件下，太阳辐射强度、入口空气流速、入口空气温度及环境温度对集热器效率的影响。

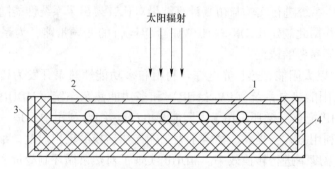

图 1-30　平板型太阳能集热器结构示意图

1—吸热板；2—透明盖板；3—隔热层；4—外壳

文献［96］通过建立模型和编制程序，对太阳能辅助 CO_2 热泵系统在北京地区的冬季运行工况进行了计算和分析。结果表明，空气源热泵模式下的性能系数为 2.90，太阳能热泵模式为 4.97。系统性能随蒸发温度的增加而增加，且幅度越来越大。随过热度的增加，压缩机出口温度、热负荷和压缩机耗功都呈线性增加，但对系统性能几乎没有影响。随着高压压力的增加，系统性能存在一个最优值，即有最优高压压力的存在。随着气体冷却器出口温度的增加，系统性能下降越来越快，说明循环加热影响较大。图 1-31 给出了太阳能辅助 CO_2 热泵系统原理。

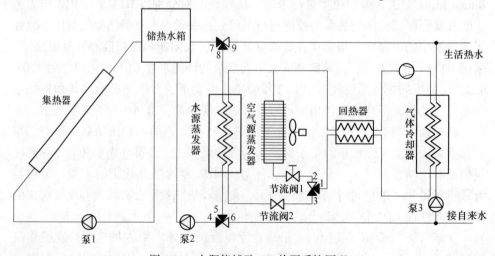

图 1-31　太阳能辅助 CO_2 热泵系统原理

文献 [97] 通过比较太阳能热泵系统的形式，选取非直膨并联式太阳能热泵采暖系统作为研究对象，建立了太阳辐射、集热器、压缩机、冷凝器、蒸发器和节流机构模型，如图 1-32 所示。室外环境温度 −15~5℃，采暖系统供水温度35~55℃，采暖负荷 5~30kW，热泵循环过热度 5℃，过冷度 5℃，压缩机等熵效率 0.85，制冷剂为 R134a，以独立开启热泵模式为例，计算分析了系统的性能系数。系统性能随环境温度的降低和出水温度的升高而降低；功耗随环境温度的降低而升高，但当出水温度增加时，环境温度对功耗增加幅度的影响不大；功耗也随出水温度的升高而升高，且增加的幅度随负荷的升高而逐渐增加。

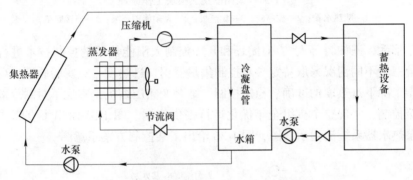

图 1-32　非直膨并联式太阳能热泵采暖系统

文献 [98] 对并联式太阳能热泵的工作原理进行了分析，在最大化利用太阳能和制热水功能的前提下，提出了热泵机组的启停判断控制策略。根据对热泵机组制热性能和太阳能辐射量分布模型的研究，建立了热泵机组热量计算模型。建立了正态分布的太阳能集热模型，并通过太阳能热泵制热实验数据，对相应的数学模型进行了修正，推导出了基于单片机控制系统的热量计算方法。图 1-33给出了并联式太阳能热泵结构，图 1-34 给出了太阳能集热模块工作原理。

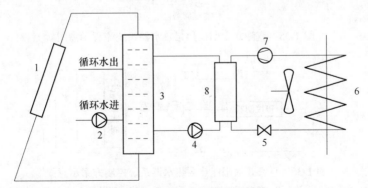

图 1-33　并联式太阳能热泵结构

1—太阳能集热器；2—太阳能循环泵；3—储热水箱；4—热泵循环泵；
5—节流阀；6—热泵蒸发器；7—压缩机；8—热泵冷凝器

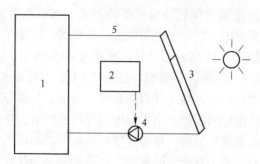

图 1-34　太阳能集热模块工作原理

1—储热水箱；2—控制器；3—集热板；4—太阳能循环泵；5—连接管路

李郁武、王如竹等人[99]对闭环和开环控制太阳能热泵的控制技术进行了研究。分三种不同情况采取特定参数控制集热器出口过热度，经实验验证，可以实现典型工况下过热度的准确、稳定控制。结合变频压缩机，实现了对制冷剂流量的串级控制，实现整个机组全年优化运行提供依据。图 1-35 给出了直膨式太阳能热泵热水器系统流程示意图，图 1-36 给出了某控制方案示意图。

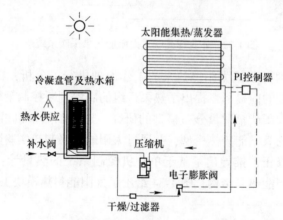

图 1-35　直膨式太阳能热泵热水器系统流程示意图

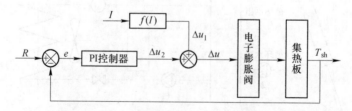

图 1-36　直膨式太阳能热泵热水器系统控制方案示意图

I—太阳辐射强度；R—集热板过热度给定值；T_{sh}—真实过热度；e—过热度偏差；

$f(I)$—膨胀阀开度与太阳辐射强度的函数关系；Δu_1—太阳辐射决定的阀开度变化量；

Δu_2—过热度决定的阀开度变化量；Δu—电子膨胀阀开度总变化量，$\Delta u = \Delta u_1 + \Delta u_2$

文献［100］分析了影响太阳能热泵利用率的因素，提出了一种全新的以提高太阳能热泵能源利用率为目的的运行控制策略。实验表明，热泵机组能耗与运行时间随着环境温度的升高而降低，而能源利用率随着环境温度的升高而增加，实验结果和理论分析能够较好吻合。建立了基于 BP 神经网络的 PSAHP（全称为Parallel Solar-assisted Heat Pump）能源利用率预测模型，能够根据太阳辐射、环境温度和初始水温等参数的变化预测热泵机组的运行时间及能源利用率。针对热泵机组除霜等不确定因素，采用模糊系统对预测结果进行修正。图 1-37 给出了直膨式太阳能热泵热水器系统流程示意图，图 1-38 给出了不同太阳能辐射量时蓄热水箱水温随时间的变化。

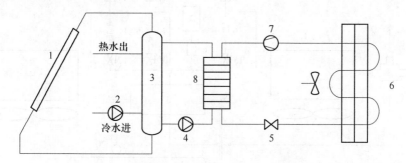

图 1-37　直膨式太阳能热泵热水器系统流程示意图

1—太阳集热器；2—太阳集热部分循环泵；3—蓄热水箱；4—热泵循环泵；5—节流阀；
6—蒸发器；7—压缩机；8—冷凝器

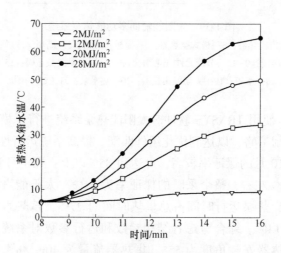

图 1-38　不同太阳能辐射量时蓄热水箱水温随时间变化曲线

文献［101］提出了一种新颖的太阳能辅助多功能热泵系统（SAMHPS），如图 1-39 所示。建立了系统稳态仿真模型，从理论上分析了热泵热水器和太阳能辅助制热模式的高效节能效果。在热泵热水器模式下，冬季室外温度为7℃时，150L水从10℃加热到40℃的系统平均制热 *COP* 值在2.2左右；在太阳能辅助制热模式下，系统平均制热系数 *COP* 值在3.1以上。实验结果证实了新型SAMHPS各个功能模式相互转化的可行性和可靠性，同时也研究了在不同功能模式下，提高SAMHPS系统效率的各个关键因素。

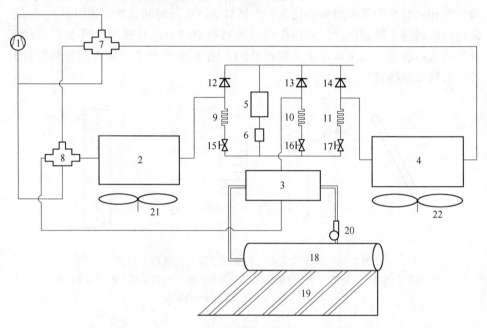

图 1-39　太阳能辅助多功能热泵系统

1—压缩机；2—室内换热器；3—板式换热器；4—室外换热器；5—高压储液罐；6—干燥过滤器；
7，8—四通换向阀；9~11—节流元件（毛细管）；12~14—单向截止阀；15~17—电磁阀；
18—水箱；19—太阳能集热器；20—热水泵；21，22—风机

　　文献［102］使用 TRNSYS 软件对太阳能热泵系统进行了模拟。通过改变系统部件参数和控制策略，以达到优化组件匹配、提高系统运行性能的目的。系统在3月、4月和10月的保证率较高，可达到85%以上；在1月和12月，太阳能保证率下降到40%左右，整个采暖的保证率为64%。太阳能直接供热时间占总供热时间的56%，热泵运行时间占总供热时间的27%，蓄热水箱直接供热时间占总供热时间的14%。综合考虑各结构参数和运行参数对系统性能的影响，得到最优方案。集热器安装角度为55°，集热器流量为40m³/h，蓄热水箱容量为60m³/h时，热泵额定制热量为20kW。当集热器出口温度37℃时，太阳能开始直接供热，当达到44℃时，蓄热与供热同时进行。图 1-40 给出了太阳能热泵供热系统的工作原理。

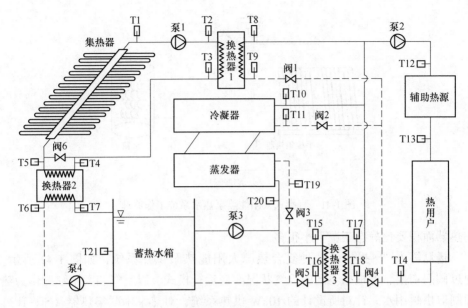

图 1-40　太阳能热泵供热系统工作原理图

文献［103］采取实验和编写系统仿真模型相结合的方法，建立了直膨式太阳能热泵热水器样机的集总参数法模型。结果表明仿真与实验结果吻合性好。建立了系统全年工作性能的数据库，在系统性能 COP 值和系统运行时间两个约束条件下，制定出 DXSAHPWH 运行策略。实验表明，在夏季晴天的工况下，DXSAHPWH 实验样机在 44～63min 内可将 150L 水从 25～29℃ 加热到 50℃，耗电量为 0.52～0.75kW·h，系统的 COP 值和集热因数分别为 6.71～8.21 和 1.29～1.85。

针对当地典型工况，文献［104］对直膨式太阳能热泵热水系统的变容量运行特性进行了仿真分析，研究了压缩机频率的变化对系统性能的影响，提出了系统的变容量运行策略。在夏季适当降低压缩机运行频率可明显提高系统性能，也不会使得耗时过长；冬季室外风速较大时，应适当提高压缩机运行频率，降低集热板温度，以保证集热器效率，缩短热水加热耗时。较低的压缩机运行频率下系统的变容量运行效果更为显著，一定程度上缓解了太阳辐射的不稳定性对直膨式系统造成的影响。图 1-41 给出了直膨式太阳能热泵热水系统的工作原理。

余延顺等人对太阳能热泵系统动态及静态运行工况进行了分析研究。以哈尔滨地区为例进行了模拟计算，当太阳能保证率为 0.60 时，太阳能热泵系统的总集热量由静态运行工况时的 1351MJ 提高到动态运行工况的 1756MJ，提高了23.1%；同时集热器在整个采暖季节的平均集热效率也由静态工况的 0.51 提高到动态工况的 0.66，提高了 22.7%，并且热泵机组的月平均取热时间也由静态工况的 8.3h 提高到动态工况的 13h。因此，在相同取热量下，动态运行所需的

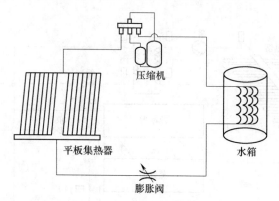

图 1-41　直膨式太阳能热泵热水系统工作原理

集热器面积要比静态工况下小很多。

杨磊等人[105]提出了一种复合热源太阳能热泵供热系统，如图 1-42 所示。通过阀门切换，可根据不同的天气状况改变运行模式，以空气和太阳辐射作为热源制取供暖用水。针对所设计的 10kW 供热系统，对热泵串联集热器（SC+HP）及集热器串联热泵（HP+SC）两种运行模式下的循环性能进行了模拟，计算了系统全年运行状况。模拟表明，在模拟进水温度区间内，HP+SC 模式下热泵 COP 值较高，最高比 SC+HP 模式高 2.58%；而 SC+HP 模式集热器热性能较好，总热效率更高，最高比 HP+SC 模式高 2.62%。

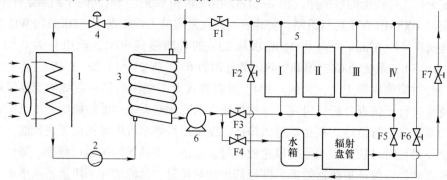

图 1-42　复合热源太阳能热泵供热系统示意图

1—风冷蒸发器；2—压缩机；3—套管冷凝器；4—节流阀；5—集热器；6—水泵

韩延民等人[106]建立了太阳能集热器非稳态数学模型，如图 1-43 所示。以工程实例为研究对象，借助于 TRNSYS 软件，分析了不同集热器类型、集热面积、水箱容积和水箱流量对太阳能集热系统性能的影响。对于特定供热量的集热系统，集热器类型与相应的集热器面积是保证系统热力指标的关键，优化设计可以进一步减少投资，同时也提高了系统的综合性能。集热器和水箱的优化匹配设计有利于提高集热系统的能量转换效率。水箱的变流量系统设计可以比定流量系统提高 10%~20% 的集热效率。

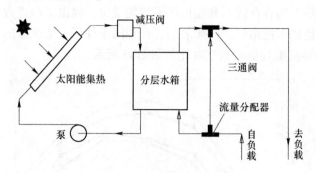

图 1-43　太阳能集热系统

李戬洪等人[107]开发出了一种高效的太阳能平板集热器。这种新型集热器在吸热板上方加装一块聚碳酸酯（PC）透明隔热板，在不影响透光的情况下，减少集热器内对流散热损失，平板集热器热损系数仅为 2.90W/(m²·℃)，而且这种集热器加工简单、价格低廉、利于推广。

郑宏飞等人[108]对窄缝高真空平面玻璃进行了研究。主要是将两块普通平板玻璃之间的狭缝抽成高度真空。窄缝高真空平面玻璃具有比双层玻璃好得多的透明隔热性能，即使在太阳辐照强度较弱的地区，集热器的热性能也较为突出。在 500~700W/m² 的太阳光照强度范围内，真空玻璃作盖板的集热器温度能达到近 140℃，比普通双层玻璃盖板的温度高 15~20℃ 以上。

邓月超等人[109]采用数值模拟技术分析了太阳能平板式集热器内空气夹层与自然对流散热损失的关系。在其他参数相同条件下，分别采用不同空气夹层厚度，计算出自然对流散热损失。结果表明，当空气夹层厚度为 3cm 时，自然对流散热损失最小。图 1-44 给出了 45°倾角下的对流换热系数随吸热板温度的变化。

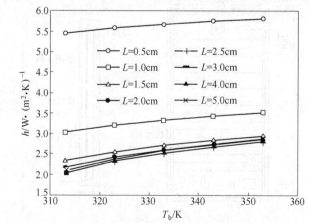

图 1-44　45°倾角下的对流换热系数随吸热板温度的变化

丁刚等人[110]采用 CFD 方法对传统平板集热器内部的流场和温度场进行了模拟。发现集热器内存在流场和温度场不均匀现象，提出了改进方案，将传统集热器对角进出改成多进出口。结果表明，在相同条件下，集热器的瞬时效率增加约 20%。集热器模拟与试验数据对比如图 1-45 所示。

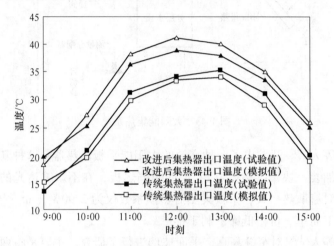

图 1-45　集热器模拟与试验数据对比

张涛等人[111]采用 Fluent 软件对全玻璃真空管太阳能热水器进行了数值模拟，分析热水器内流场与温度场的分布。结果表明，在真空管与热水箱连接处存在涡流，影响了换热效果，因此建议加装导流板，进而确定最佳导流板长度为 160cm。夏佰林等人[112]研究了折流板型平板空气集热器的热性能。通过对集热器损失系数、肋效率、空气流动等因素的分析，得出了集热器热效率方程。集热器结构如图 1-46 所示。

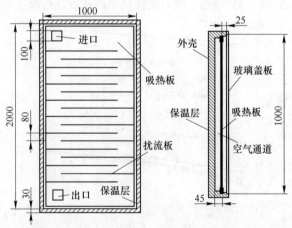

图 1-46　折流板型平板空气集热器结构示意图

张东峰等人[113]开发了一种高效的太阳能空气集热器。面对市场上无高效平板空气集热器现状，研究人员通过 Ansys 软件和 APDL 计算机语言对太阳能平板空气集热器的结构参数进行优化；同时，考虑到市场现有材料外形与运输安装的实际情况。最终，开发出最优尺寸为 $4.2m \times 2m \times 0.2m$、面积为 $8.4m^2$ 的结构单元。

太阳能水箱作为太阳能热水系统的储热设备，在系统中具有能量储存和调节的功能，其储热性能直接影响着整个系统的运行。好的储热水箱不仅要满足热负荷要求，减少辅助加热量，还应能够降低集热器进口温度，提高太阳能集热效率。目前，国内外对太阳能储热水箱的研究主要集中在以下两方面：一是提高水箱内的水温分层，减少冷热水混合程度；二是为了实现分层加热，对储热水箱的构造设计改进。

张慧宝[114]以挡板将卧式水箱分为上、中、下三个区域，并在三个腔中分别设置电热管，以此根据用户用水需要开启相对应的电热管。蔡贞林[115]等将太阳能热水系统水箱两部分中的下部分内设置换热盘管，以换热工质加热下部分水箱内的冷水，并将加热的水通往上部的水箱，用以储存。蔡文玉[116]基于 CFD 模拟优化了一种新型太阳能分层加热储热水箱。利用 Fluent 软件对新型分层加热水箱进行正交模拟，并通过二维、三维模拟技术搭建实验平台，对模拟结果进行验证，解决了储热水箱的容积与合理利用电能之间的矛盾问题；同时减小了储热水箱内冷热水混合程度，减少或者避免因为加热过多水量而造成热能浪费，提高整个系统的效率。

陈丹丹[117]设计了一种新型分层换热储热装置，从而避免了传热工质直接进入储热水箱破坏其内部稳定的环境，提高了储热水箱温度分层效果。建立了太阳能集热、储热、供暖的实验系统，用完整的计算机数据采集和监控系统对实验数据进行了记录。建立了分层储热的换热水箱，并且将弹簧式的换热器换为可以提升温度分层效果的阿基米德螺旋线样式的新型结构，如图 1-47 所示。换热储热实验表明，换热储热水箱上下层的温差最高可以达到 26.7℃，在整个储热水箱的储热过程中，水箱内部都保持良好的温度分层，其上下层的温差范围在 15 ~ 30℃之间，系统运行稳定。

利用实验和模拟相结合的方法，文献［118］对水箱内换热情况进行了研究。探索出一种用 Fluent 软件模拟水箱三维瞬时运行特性的方法。实验表明储热水箱放热效率随着流速的增大而减小。对于相同规格水箱，出入口同侧水箱的掺混程度比异侧水箱小，同侧水箱的温度分层度高。张森等人[119]针对冬夏热量平衡问题，提出了地下保温措施改进方案，利用地下温度的相对稳定性，将太阳能系统的保温水箱置于地下，然后在水箱周围填充聚氨酯作为保温层，最外层与土壤接触的地方填充防水材料，来减少热量损失。并且利用 Fluent 软件对系统的散

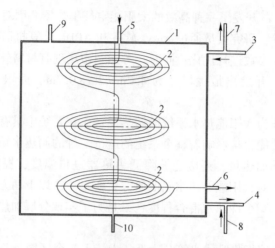

图 1-47 分层储热的换热水箱结构示意图

1—储热水箱；2—换热盘管；3—来自集热器的热水管进口的出口；4—去向集热器的水；

5—换热盘管进水口；6—换热盘管出水口；7—去向用户的热水管出口；

8—来自用户的低温水进口；9—排气阀；10—排污口

热情况进行分析，得出季节因素对保温效果影响较大。

崔俊奎等人[120]针对地下保温时储热水箱的位置布置问题，进行了进一步的讨论。利用 Fluent 软件对太阳能储热水箱散热进行了数值模拟和计算，得出在不同工况下，储热水箱周围土壤的温度场分布。同时，建立地下储热水箱的物理模型和数学模型，分析地下储热水箱的换热特性，并以北方某村镇的供暖为实例，验证其地下储热水箱全年散热量和储能量，获得水箱顶板损失量与总散热量关系。计算结果表明，在相同工况下，冬季室外储热水箱能量的散失量远高于室内，室内地下储热水箱顶部散热量减少，因此该方式可以用来抵消这部分能量所需的集热器面积的减少，提高储热水箱的储热效率以及减少用户投资。图 1-48 给出了储热水箱各部分散热损失关系。

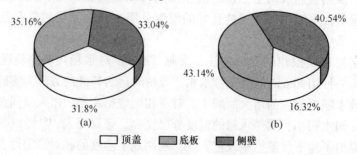

图 1-48 储热水箱各部分散热损失关系

(a) 室外水箱损失量；(b) 室内水箱损失量

太阳能储热水箱的研究近几年逐渐受到学者的重视，针对储热水箱的专利研究也逐渐多了起来。2010 年，胡家军[121]申请通过了分体式太阳能储热水箱专利，将传统水箱用间隔板隔成两个储水空间，各储水空间均有独立的进水及排气系统，且各储水空间采用不同的集热管加热方式对冷凝水进行加热。由于具有两个储水空间，并且两水箱之间设置有单向阀，可根据需要选择性使用一个或者同时使用两个，对储热水箱进行加热供水，提高了加热速度，耗电大大降低。分体式储热水箱设计时，左、右水箱采用不同的集热管加热方式进行加热，将集热管串联加热及并联加热方式的优点集于一身。

2015 年张孝德[122]申请通过了自带换热介质的太阳能储热水箱专利，克服了现有技术的弊端，结构设计合理，天然硅胶橡塑管可将出水管与内胆内的水通过保温隔热套隔离，减小相互之间的热交换，盘管为陶瓷管，耐腐蚀性能好，使用寿命长，底部设置有感应探头，当污垢积累过多时能实现自动排污。2015 年唐文学等人[123]申请通过了新型壁挂式太阳能储热水箱专利，克服了无法清晰地看到换热介质的缺陷，提供一种能清晰地看到换热介质灌液位的位置，避免注液时换热介质从注液口溢出。换热夹套中的液位到达或低于显示器的最低刻度线时，能及时添加换热介质，以及介质变质时能及时更换新的介质。

1.5.2 国外研究现状

在 20 世纪 50 年代，国外在太阳能热泵方面已经开展研究。太阳能热泵研究的专家 Jodan 和 Therkel 提出了太阳能热利用系统与热泵系统联合运行的思路，并指出这种组合系统在未来发展前景广阔。

Bengt[124]提出一种简化模型，进而对太阳能热泵系统进行仿真研究。通过多组标准性能测试实验，最终确定系统的四个性能参数，并与系统的实际运行参数相对比，从而验证了这种简化模型的准确性。Hawlader[125]指出压缩机转速、太阳能辐射强度、太阳能集热器面积和水箱容积对系统性能有很大的影响。通过实验发现压缩机转速为 1800r/min 时，COP 值达到 7.0，随压缩机转速下降，系统 COP 值也逐渐减小。Chaturvedi[126]通过实验得出，当环境温度升高时，降低压缩机的转速，太阳能热泵系统性能升高。

Chyng[127]指出经过多年的实验研究，直膨式太阳能热泵系统的 COP 值主要保持在 1.7~2.5，当系统运行时间在 4~8h 之间的时候，系统 COP 值大于 2。文献［128］建立了一种建筑供暖太阳能空气源热泵模型，研究发现太阳能辐射强度增加和集热器面积变大的时候，热泵机组 COP 值也随之增大，在空气源热泵系统中加入太阳能集热器之后，热泵 COP 值相比之前增加。Richard[129]分别对比了光伏与热泵联合系统、太阳能热利用与热泵联合系统，得出光伏热泵系统性能优于太阳能热利用与热泵联合系统。

　　Mortaza[130]提出了一种双热源（太阳能、电能）的双蒸发器的热泵系统，系统包括：发生器和吸收器换热设备、喷射-膨胀跨临界 CO_2 循环系统、有机朗肯循环系统。研究表明，喷射-膨胀跨临界 CO_2 循环系统蒸发温度从 −25℃ 变化到 −45℃，对于有机朗肯循环系统蒸发温度为 5℃ 到 10℃ 是比较适合的。Gorozabel[131]对直膨式太阳能热泵系统的性能进行了研究。结果表明：在相同实验条件下，使用 R12 的太阳能热泵系统 COP 值比使用 R134a 系统 COP 值高 2%~4%，混合的制冷剂系统，如 R-407C 或 R-404A 的系统 COP 值更低。文献[132]对太阳能热泵系统进行了研究，与 R134a 和 R22 制冷剂相比，R600a 更适合作为热泵的制冷剂。Wonseok[133]对制冷剂为 CO_2 的太阳能-地源热泵系统进行了模拟。结果表明，当热泵运行温度从 40℃ 升高到 48℃ 时，压缩机耗功从 4.5kW 增加到 5.3kW。

　　在不同环境温度、太阳能辐射量、集热面积和压缩机形式等条件下，Y. H. Kuang 等人[134]模拟研究了太阳能热泵热水机组的性能。结果表明，采用变频压缩机以及电子膨胀阀可以提高太阳能热泵机组的整体性能，当环境温度和太阳能辐射强度比较低时，太阳能热泵机组的 COP 值仍能达到 2.5 以上。图 1-49 给出了 DX-SAHP 热水器工作原理。

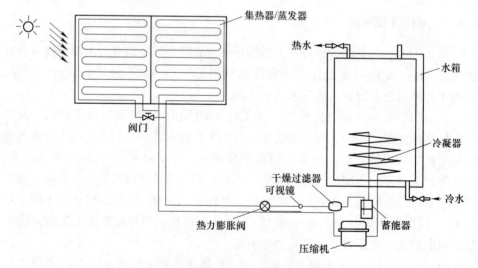

图 1-49　DX-SAHP 热水器工作原理

　　Kuang 等人[135]对间接膨胀式太阳能热泵系统（简称 SAHP 系统）进行了实验研究，如图 1-50 所示。该太阳能热泵系统借助平板集热器制取低温热水，再将集热器中流出的低温热水作为空气源热泵的热源，通过热泵循环从空气中进一步吸取热量，实现产出生活热水的目的。研究表明，扩大吸热水箱的容积可以降低集热器和热泵的进口水温，从而提高集热器效率，集热器效率可达 67.2%。

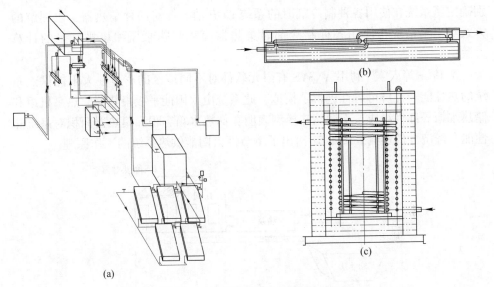

图 1-50 间接膨胀式太阳能热泵系统
(a) 系统原理图；(b) 平板集热器示意图；(c) 储热水箱示意图

文献 [136] 对直膨式太阳能热泵热水系统进行了研究。随着冷凝水箱温度的升高，系统 COP 值和集热器效率均下降。系统 COP 值变化范围为 4~9，集热器效率变化范围为 40%~75%，冷凝水箱内温度波动范围为 30~50℃。建立了整个系统的数学模型，并通过一系列数值试验来确定重要参数。模拟结果表明，集热器面积、压缩机转速、蓄热装置容量和太阳辐射强度是影响系统性能的主要因素。系统经济性分析表明，系统的最小回收期为 2 年。

F. B. Gorozabel Chata 等人[137]对使用不同制冷剂的直膨式太阳能热泵系统进行了性能分析，如图 1-51 所示。表明系统的 COP 值取决于使用的制冷剂，并分

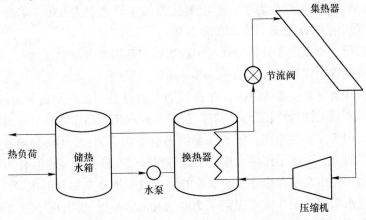

图 1-51 直膨式太阳能热泵系统原理图

别确定了系统在使用各种制冷剂时的系统 *COP* 值。针对两种集热器，以图解的方式给出了系统在使用各种制冷剂时集热器面积和热泵压缩机排气量的计算方法。

A. Ucar 等人[138]利用 ANSYS 有限元软件对不同地区的季节性太阳能供热系统的热性能和经济可行性进行了模拟。此系统由太阳能平板集热器、热泵机组和储热水箱等部件组成。不同储热模型表明，储热水箱容积和集热器面积对系统热性能和经济性的影响。图 1-52 给出了季节性太阳能供热系统的工作原理。

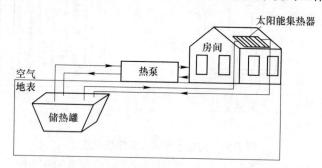

图 1-52　季节性太阳能供热系统工作原理

通过数值模拟，F. Scarpa 等人[139]对燃气锅炉作为辅助热源的直膨式系统与传统的平板集热器的太阳能低温热水系统进行了对比。结果表明，燃气锅炉作为辅助热源的直膨式系统是平板集热器的太阳能低温热水系统的 2 倍。图 1-53 给出了太阳能辅助热泵系统的工作原理。

Kadir Bakirci 等人[140]研究了带有蓄能装置的太阳能热泵系统的运行性能。实验系统由平板集热器、蓄热水箱、水-水板式换热器、水-水蒸气压缩式热泵、循环水泵以及相应的测量装置组成。实验运行时间为 1～4 月，室外温度范围为 -10.8～14.6℃。实验结果表明，平板集热器的集热效率为 33%～47%，热泵机组和整个系统的 *COP* 值分别为 3.8 和 2.9。

国外的研究重点主要是集中在太阳能水箱内部温度分层的优化上，通过优化温度分层提高整个供热系统的效率。Rosen[141]通过实验说明冷水与热水的混合是导致分层程度降低主要的原因，在长期的存储过程中会产生显著的混合热损，并得出立式水箱的性能要比卧式的好。虽然立式水箱的高度能够帮助温度分层的保持，但是由于实用性不强，卧式水箱的占有率仍未减少。Ghadder 等人[142]针对水温分层研究，对比了储热水箱在水温理想分层与冷热水完全混合两种情况下的储热性能，得出水温理想分层的水箱的储热效率比完全混合的水箱高 6%，整个太阳能热水系统的工作效率提高了 20%。Knudsen[143]指出在小型太阳能热水系统中，若水箱底部 40%的水是混合不分层的，则热水系统的太阳能净用率降

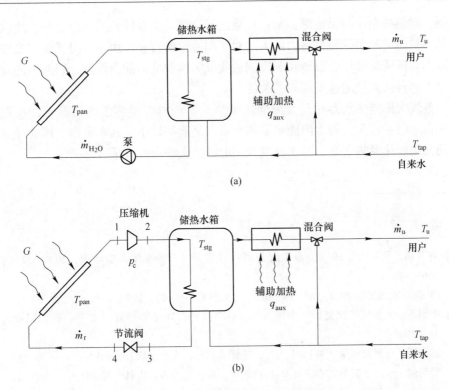

图 1-53　太阳能辅助热泵系统工作原理

（a）传统型 TSP 系统；（b）新型 ISAHPS 系统

T_{tap}—自来水温度；T_u—用户热水温度；T_{pan}—集热器温度；G—太阳辐射能；T_{stg}—储热水箱温度；

q_{aux}—热流率；P_c—压缩机压力；$\dot{m}_u$—用户热水质量流率；$\dot{m}_r$—制冷剂质量流率

低 10%～16%。Castell 等人[144]通过实验讨论了水箱在几种不同流速的放水过程中的温度分层特性；并且用一些无量纲参数研究水箱的温度分布，提出了适用于描述温度分层的无量纲参数；同时研究了立式水箱中有相变材料与无相变材料的温度分布规律。Madhlopa 等人[145]讨论了水箱之间的连接对温度分层的影响，研究对象是一个有着两个卧式水箱的太阳能热水器；在比较了水温变化、集热效率和夜间热损失等参数后，得出了一种对于温度分层最有效的连接方式。

1.6　小结

我国一次能源日益枯竭的现状已经不容忽视，在我国一次能源的消费中，煤炭的消费比重较大，而清洁能源的消费比例明显不足。作为清洁能源的核能和可再生能源的太阳能、风能等发展受技术和资金限制发展缓慢，在社会能源使用中占据比例很低，太阳能的巨大潜力还没有发挥出来。

在社会总能耗中建筑能耗所占的比重正在逐年增大，建筑能耗主要包括家用电器、建筑的制冷与供暖等，所占比重已经达到社会总能耗的三分之一，所以对降低建筑能耗问题的研究潜力巨大。对于制冷空调行业，由于本身耗能加之传统制冷剂对环境的破坏，节能和制冷剂替代成为本领域的前沿课题，引起国内外专家学者和科技人员的越来越多的关注。

常规太阳能热水器在与太阳能热泵热水器获得等量热水的情况下，投资较高、占地面积较大，而太阳能热泵热水器占地面积较小、效率更高。因此开发高效的太阳能热泵热水器，对于开发太阳能的巨大潜力具有重大意义。

参 考 文 献

[1] 刘万福，马一太．地球生命系统与可持续发展［J］．天津大学学报，2004，37（4）：336~340.

[2] BP世界能源统计2012［Z］．BP Amoco（英国石油公司），2013.

[3] 中国石油天然气集团公司．中国石油天然气集团公司年鉴［M］．北京：石油工业出版社，2004.

[4] 恩格斯．自然辩证法［M］．于光远，等译．北京：人民出版社，1984.

[5] 蕾切尔·卡逊．寂静的春天［M］．吕瑞兰，等译．长春：吉林人民出版社，1997.

[6] 丹尼斯·米都斯．增长的极限［M］．李宝恒，译．长春：吉林人民出版社，1998.

[7] 沃德·杜博斯．只有一个地球［M］．长春：吉林人民出版社，1997.

[8] 布朗．一个可持续发展的社会［M］．北京：中国环境科学出版社，1998.

[9] 联合国环境与发展大会——21世纪议程［M］．北京：中国环境科学出版社，1993.

[10] David W. Fahey. Ozone Depletion and Global Warming: Advancing the Science［C］//Tenth International Refrigeration and Air Conditioning Conference Sevententh International Compressor Engineering Conference, Purdue University, 2004, 7.

[11] 刘圣春．超临界CO_2流体特性及跨临界循环系统的研究［D］．天津：天津大学，2006.

[12] 王如竹．制冷学科进展研究与发展报告［M］．北京：科学出版社，2007.

[13] Lorentzen G. The use of natural refrigerants: a complete solution to the CFC/HCFC predicament［J］. International Journal of Refrigeration, 1995, 18（3）: 190~197.

[14] Lorentzen G. Revival of carbon dioxide as a refrigerant［J］. International Journal of Refrigeration, 1994, 17（5）: 292~301.

[15] 余延顺，马最良．太阳能热泵系统运行工况模拟研究［J］．流体机械，2004，32（5）：65~69.

[16] 赵军，刘立平，李丽新．R134a应用于直接膨胀式太阳能热泵系统［J］．天津大学学报，2000，33（3）：301~305.

[17] 李智，刘骥，虞维平．双热源型太阳能热泵夏/冬两季的节能运行分析［J］．制冷空调与电力机械，2008，15（3）：32~34.

［18］ Huang B J, Chyng J P. Performance characteristic of integral type solar-assisted heat pump ［J］. Solar Energy, 2001, 71 (6): 403~414.

［19］ Cervantes J G, Torres-Reyes E. Experiments on a solar-assisted heat pump and an exergy analysis of the system ［J］. Applied Thermal Engineering, 2002, 22 (12): 1289~1297.

［20］ http://www. escn. com. cn/news/show-124350. html.

［21］ http://3y. uu456. com/bp-3ebeead119sf312b3169asac-1. html.

［22］ Fagerli B. CO_2 compressor development. Presentation on the CO_2 workshop, Trondheim, 1997.

［23］ Petter Neksa, Filippo Dorin, et al. Development of two-stage semi-hermetic CO_2-compressor ［C］ //4th IIR Gustav Lorentzen conference on natural working fluids, Purdue University, USA, 2000: 355~362.

［24］ http://www. appliancemagazine. com/euro/editorial. php? article = 397&zone = 102.

［25］ http://www. obrist. at/productsandservices/index. html.

［26］ Heinz Baumann, Martin Conzett. Small oil free piston type compressor for CO_2 ［C］ //Proceedings of the 2002 International Refrigeration Conference, Purdue, West Lafayette, C25~30.

［27］ Masaya Tadano, Toshiyuki Ebara, et al. Development of the CO_2 hermetic compressor ［C］ // The proceedings of the 4th IIR-Gustav Lorentzen Conference on Natural Working Fluids, Purdue, 2000: 323~330.

［28］ Tadashi Yanagisawa, Mitsuhiro Fukuta, et al. Basic operating characteristics of reciprocating compressor for CO_2 cycle ［C］ //4th IIR-Gustav Lorentzen Conference on Natural Working Fluids, Purdue, 2000: 331~338.

［29］ Xinmo Li, Ainong Geng, et al. Research on the Rotating Cylinder Compressor Used in Room Air Conditioner ［C］ //The 5th International Conference on Compressor and Refrigeration, Xi'an Jiaotong University, 2005: 57~63.

［30］ Ohkawa T, Kumakura E, et al. Development of the hermetic swing compressor for CO_2 refrigerants ［C］ //The Proceedings of the 16th International Compressor Engineering Conference, Purdue, 2002: 841~852.

［31］ Sheiretov T, W Van Glabbeek, Cusano C. Simulative friction and wear study of retrofitted swash plate and rolling piston compressors ［J］. International Journal of Refrigeration, 1995, 18 (5): 330~335.

［32］ YinRen Lee, WenFang Wu. On the profile design of a scroll compressor ［J］. International Journal of Refrigeration, 1995, 18 (5): 308~317.

［33］ Hiroshi Hasegawa, Mitsuhiro Ikoma, et al. Experimental and theoretical study of hermetic CO_2 scroll compressor ［C］ //The Proceedings of the 4th IIR-Gustav Lorentzen Conference on Natural Working Fluids, Purdue, 2000: 347~353.

［34］ Yuan Ma, Yanan Gan, Xueyuan Peng, et al. Modeling of a reciprocating compressor for transcritical CO_2 heat pumps ［C］ //The Proceedings of the 22nd International Congress of Refrigeration, Beijing, 2007: 1~8.

［35］ 曾宪阳. CO_2 跨临界循环滚动活塞膨胀机和涡旋压缩机的研究 ［D］. 天津: 天津大

学，2006.

[36] Chen Y，Gu J. Non-adiabatic capillary tube flow of carbon dioxide in a novel refrigeration cycle
     [J]. Applied Thermal Engineering，2005，25：1670~1683.

[37] Denso Corporation. Development of multi-function CO_2 heat pump water heater. http：//www.
     annex28. net/publications. htm.

[38] Junlan Yang，Yitai Ma，Minxia Li，et al. Exergy analysis of transcritical carbon dioxide refrig-
     erationcycle with an expander [J]. Energy，2005（30）：1162~1175.

[39] Maurer T，Zinn T. Experimental Untersuchung von Entspannungsmaschinen mit mechanischer
     Leistungsauskopploung fuer die transkritische CO_2-Kaeltemaschine [J]. DKV Tagungsbericht
     Berlin，1999，26（1）：304~318.

[40] Tondell E. Impulse expander for CO_2 [C] //The 7th IIR-Gustav Lorentzen Conference on Natu-
     ral Working Fluids，Trondheim，Norway，2006：107~110.

[41] Robinson D M，Groll E A. Efficiencies of transcritical CO_2 cycles with and without an expansion
     turbine [J]. International Journal of Refrigeration，1998，21（7）：577~589.

[42] Fagerli B. Feasibility study of using centrifugal compressor and expander in a car conditioner
     working with carbon dioxide as refrigerant [J]. ACRC，CR-23.

[43] 查世彤. CO_2跨临界循环膨胀机的研究与开发 [D]. 天津：天津大学，2002.

[44] 张振迎，王洪利，李敏霞，等. 跨临界 CO_2 蒸气压缩-引射制冷循环的性能分析 [J]. 低
     温与超导，2014，42（9）：55~59.

[45] Zhenying Zhang，Lili Tian. Effect of suction nozzle pressure drop on the performance of an ejector-
     expansion transcritical CO_2 refrigeration cycle [J]. Entropy，2014，16（8）：4309~4321.

[46] Pettersen J，Hafner A，Skaugen G. Development of compact heat exchangers for CO_2 air-condi-
     tioning systems [J]. International Journal of Refrigeration，1998，21（3）：180~193.

[47] Skaugen G，Neksa P，Pettersen J. Simulation of transcritical CO_2 vapor compression systems
     [C] //Preliminary Proceedings of the 5th IIR-Gustav Lorentzen Conference on Natural Working
     Fluids，Guangzhou，2002：68~75.

[48] Hwang Yunho，Radermacher Reinhard. Theoretical evaluation of carbon dioxide refrigeration cycle
     [J]. International Journal of HVAC & Refrigeration Research，1998，4（3）：245~263.

[49] Hongsheng Liu，Jiangping Chen，Zhijiu Chen. Experimental investigation of a CO_2 automotive
     air conditioner [J]. International Journal of Refrigeration，2005（28）：1293~1301.

[50] Man-Hoe Kim，Jostein Pettersen，Clark W. Bullard. Fundamental process and system design is-
     suesin CO_2 vapor compression systems [J]. Progress in Energy and Combustion Science，2004
     （30）：119~174.

[51] Man-Hoe Kim，Clark W. Bullard. Development of a microchannel evaporator model for a CO_2
     air-conditioning system [J]. Energy，2001（26）：931~948.

[52] Honggi Cho，Keumnam Cho，Baek Youn，Jeunghoon Kim. An experimental study on the per-
     formance evaluation of prototype microchannel evaporators for the residential air-conditioning ap-
     plication [C] //The 3rd Asian Conference on Refrigeration and Air-conditioning，Gyeongju，

2006：157~160.

[53] Rin Yun, Yongchan Kim, Chasik Park. Numerical analysis on a microchannel evaporator designed for CO_2 air-conditioning systems [J]. Applied Thermal Engineering, 2007（27）：1320~1326.

[54] Guoliang Ding, Zhiguang Wu, Huifang Long. Simulation system for fin-and-tube heat exchanger based on graph theory, database and visualization technology [C] //The 3rd Asian Conference on Refrigeration and Air-conditioning, Gyeongju, 2006：153~156.

[55] 杨俊兰. CO_2跨临界循环系统及换热理论分析与试验研究 [D]. 天津：天津大学, 2005.

[56] White S D, Yarrall M G, Cleland D J, Hedley R A. Modeling the performance of a transcritical CO_2 heat pump for high temperature heating [J]. International Journal of Refrigeration, 2002（25）：479~486.

[57] Xianyang Zeng, Yitai Ma, Shengchun Liu, Hongli Wang. Testing and analyzing on P-V diagram of CO_2 rolling piston expander. [C] //Proceedings of the 22nd International Congress of Refrigeration, Beijing, 2007：1~9.

[58] Minxia Li, Yitai Ma, Lirong Ma, et al. Experimental Comparison on Performance Characteristics of Two Carbon Dioxide Transcritical Expander [C] //The 2th Asian Conference on Refrigeration and Air-conditioning ACRA2004, Beijing, 2004：46~51.

[59] Endoh K, Kouno T, Gommori M, et al. Instant hot water supply heat pump water using CO_2 refrigerant for home use [C] //The 7th IIR-Gustav Lorentzen Conference on Natural Working Fluids. Trondheim, Norway, 2006：27~30.

[60] Kern R, Hargreaves J B, Wang J F, et al. Performance of a prototype heat pump water heater using carbon dioxide as the refrigerant in a transcritical cycle [C] //The 7th IIR-Gustav Lorentzen Conference on Natural Working Fluids. Trondheim, Norway, 2006：31~34.

[61] Junlan Yang, Yitai Ma, Minxia Li, et al. Simulation of transcritical carbon dioxide water to water heat pump system with expander [J]. The 7th IIR-Gustav Lorentzen Conference on Natural Working Fluids. Trondheim, Norway, 2006：91~94.

[62] Neeraj Agrawal, Souvik Bhattacharyya. Studies on a two-stage transcritical carbon dioxideheat pump cycle with flash intercooling [J]. Applied Thermal Engineering, 2007 (27)：299~305.

[63] Honghyun Cho, Yongchan Kim, Kook jeong Seo. Study on the performance improvement of a transcritical carbon dioxide cycle using expander and two stage compression [C] //The 2nd Asian Conference on Refrigeration and Air-conditioning, Beijing, 2004：213~222.

[64] Alberto Cavallini, Luca Cecchinato, Marco Corradi, et al. Two-stage transcritical carbon dioxide cycle optimisation：A theoretical and experimental analysis [J]. International Journal of Refrigeration, 2005 (28)：1274~1283.

[65] Yunho Hwang, Xudong Wang, Reinhard Radermacher. Two stage cycle with vapor injection compressor [C] //The Proceedings of the 22nd International Congress of Refrigeration, Beijing, 2007, 1~6.

[66] Hyun J Kim, Jong M Ahn, et al. Numerical Study on the Performance of a CO_2 Twin Rotary-

Compressor with Inter-stage Cooling [C] //The 5th International Conference on Compressor and Refrigeration, Xi'an Jiaotong University, 2005: 198~206.

[67] Baek J S, Groll E A, Lawless P B. Effect of pressure ratios across compressors on the perform-ance of the transcritical carbon dioxide cycle with two stage compression and intercooling, Pur-due University, 2002.

[68] Zhaolin Gu, Hongjuan Liu, Yun Li. CO_2 Two stage refrigeration system with low evaporating temperature of $-56.6℃$ [C] //The proceedings of the 5th IIR-Gustav Lorentzen conference on natural working fluids, Guangzhou, 2002: 226~330.

[69] Junlan Yang, Yitai Ma, Shengchun Liu. Performance investigation of transcritical carbon diox-idetwo-stage compression cycle with expander [J]. Energy, 2007 (32): 237~245.

[70] Sad Jarall. Study of refrigeration system with HFO-1234yf as a working fluid [J]. International Journal of Refrigeration, 2012, 35: 1668~1677.

[71] Navarro-Esbri J, Mendoza-Miranda J M, et al. Experimental analysis of R1234yf as a drop-in replacement for R134a in a vapor compression system [J]. International Journal of Refrigera-tion, 2013, 36: 870~880.

[72] Ki-Jung Park, Dong Gyu Kang, Dongsoo Jung. Condensation heat transfer coefficients of R1234yf on plain, low fin, and Turbo-C tubes [J]. International Journal of Refrigeration, 2011, 34: 317~321.

[73] Del Col D, Torresin D, Cavallini A. Heat transfer and pressure drop during condensation of the low GWP refrigerant R1234yf [J]. International Journal of Refrigeration, 2010, 33: 1307~1318.

[74] Giovanni A. Longo, Claudio Zilio. Condensation of the low GWP refrigerant HFC1234yf inside a brazed plate heat exchanger [J]. International Journal of Refrigeration, 2013, 36: 612~621.

[75] Alison Subiantoro, Kim Tiow Ooi. Economic Analysis of the Application of Expanders in Medium Scale Air-Conditioners with Conventional Refrigerants, R1234yf and CO_2 [J]. International Journal of Refrigeration, 2013, 3: 1~42.

[76] Cho J R, Moon S J. A numerical analysis of the interaction between the piston oil film and the component deformation in a reciprocating compressor [J]. Tribology International, 2005, 38: 459~468.

[77] Sho Fukuda, Chieko Kondou, Nobuo Takata, et al. Low GWP refrigerants R1234ze (E) and R1234ze (Z) for high temperature heat pumps [J]. International Journal of Refrigeration, 2014, 40: 161~173.

[78] M. Wasim Akram, Kyriaki Polychronopoulou, Andreas A. Polycarpou. Lubricity of environmen-tally friendly HFO-1234yf refrigerant [J]. Tribology International, 2013, 57: 92~100.

[79] 张太康, 翁文兵, 喻晶. R134a、R417a 和 R22 用于空气源热泵热水器的性能研究 [J]. 流体机械, 2010, 38 (5): 72~76.

[80] 邢子文, 彭学院, 束鹏程. R134a 螺杆制冷压缩机的泄漏特性研究 [J]. 制冷学报, 2000 (4): 23~28.

［81］王军. R134a/R744 复叠式制冷系统设计研究 ［D］. 合肥：合肥工业大学，2015.

［82］Guosheng Qiu, Xianyang Meng, Jiangtao Wu. Density measurements for 2，3，3，3-tetrafluoroprop-1-ene（R1234yf）and trans-1，3，3，3-tetrafluoropropene（R1234ze（E））［J］. The Journal of Chemical Thermodynamics，2013（60）：150~158.

［83］Linlin Wang, Chaobin Dang, Eiji Hihara. Experimental study on condensation heat transfer and pressure drop of low GWP refrigerant HFO1234yf in a horizontal tube ［J］. International Journal of Refrigeration，2012，35：1418~1429.

［84］Yu Zhao, Yuanyuan Liang, Yongbin Sun, Jiangping Chen. Development of a mini-channel evaporator model using R1234yf as working fluid ［J］. International Journal of Refrigeration，2012，35：2166~2178.

［85］Zhaogang Qi. Experimental study on evaporator performance in mobile air conditioning system using HFO-1234yf as working fluid ［J］. Applied Thermal Engineering，2013，53：124~130.

［86］杨昭，彭继军，张甫仁. 制冷剂有限时间泄漏扩散模型 ［J］. 天津大学学报，2006，39（6）：657~662.

［87］Hongli Wang, Yitai Ma, Jingrui Tian, et al. Theoretical analysis and experimental research on transcritical CO_2 two stage compression cycle with two gas coolers（TSCC + TG）and the cycle with intercooler（TSCC + IC）［J］. Energy Conversion and Management，2011，52：2819~2828.

［88］姜昆，刘颖，姜莎. 新一代制冷剂 HFO-1234yf 的热物性模型 ［J］. 制冷学报，2012，33（5）：38~42.

［89］马文瑞. 太阳能热泵供暖系统运行优化研究 ［D］. 哈尔滨：哈尔滨工业大学，2011.

［90］旷玉辉，张开黎，于立强. 太阳能热泵系统（SAHP）的热力学分析 ［J］. 青岛建筑工程学院学报，2001，22（4）：80~83.

［91］孙振华，王如竹，李郁武. 基于仿真与实验的直膨式太阳能热泵热水器变频策略 ［J］. 太阳能学报，2008，29（10）：1235~1241.

［92］裴刚. 光伏-太阳能热泵系统及多功能热泵系统的综合性能研究 ［D］. 北京：中国科学技术大学，2006.

［93］黎佳荣. 太阳能辅助多功能热泵系统的理论与实验研究 ［D］. 杭州：浙江大学，2008.

［94］孔祥强，林琳，李瑛. R410A 充注量对直膨式太阳能热泵热水器性能的影响 ［J］. 上海交通大学学报，2013，47（3）：370~375.

［95］王兴华. 平板太阳空气集热器增湿工况热效能研究 ［D］. 兰州：兰州交通大学，2013.

［96］欧阳晶莹. 太阳能辅助跨临界 CO_2 热泵系统的理论分析和优化研究 ［D］. 北京：华北电力大学，2013.

［97］刘祥哲. 太阳能热泵采暖系统的理论分析与设计研究 ［D］. 北京：华北电力大学，2012.

［98］陈庆杰. 太阳能热泵制热量预测模型及控制策略研究 ［D］. 长沙：中南大学，2012.

［99］李郁武，王如竹，王泰华，等. 直膨式太阳能热泵热水器过热度 PI 控制的实现 ［J］. 工程热物理学报，2007，6（28）：49~52.

[100] 楼静. 并联式太阳能热泵热水机组智能控制技术研究 [D]. 长沙：中南大学，2009.

[101] 梁国峰. 新型太阳能辅助多功能热泵系统的理论与实验研究 [D]. 杭州：浙江大学，2010.

[102] 于易平. 严寒地区太阳能热泵供热系统设计及优化分析 [D]. 哈尔滨：哈尔滨工业大学，2012.

[103] 孙振华. 直膨式太阳能热泵热水器性能改进及实验研究 [D]. 上海：上海交通大学，2008.

[104] 李振兴. 直膨式太阳能热泵热水系统性能的优化分析 [D]. 青岛：山东科技大学，2010.

[105] 杨磊，张小松. 复合热源太阳能热泵供热系统及其性能模拟 [J]. 太阳能学报，2011，32 (1)：120~126.

[106] 韩延民，代彦军，王如竹. 基于 TRNSYS 的太阳能集热系统能量转化分析与优化 [J]. 工程热物理学报，2006，27 (1)：57~60.

[107] 李戬洪，江晴. 一种高效平板太阳能集热器试验研究 [J]. 太阳能学报，2001，22 (2)：239~243.

[108] 郑宏飞，吴裕远，郑德修. 窄缝高真空平面玻璃作为太阳能集热器盖板的实验研究 [J]. 太阳能学报，2001，22 (3)：270~273.

[109] 邓月超，赵耀华，全贞花，等. 平板太阳能集热器空气夹层内自然对流换热的数值模拟 [J]. 建筑科学，2012，28 (10)：84~87.

[110] 丁刚，左然，张旭鹏，等. 平板式太阳能空气集热器流道改进的试验研究和数值模拟 [J]. 可再生能源，2011，29 (2)：12~15.

[111] 张涛，闫素英，田瑞，等. 全玻璃真空管太阳能热水器数值模拟研究 [J]. 可再生能源，2011，29 (5)：10~14.

[112] 夏佰林，赵东亮，代彦军，等. 扰流板型太阳能平板空气集热器集热性能 [J]. 太阳能学报，2011，45 (6)：870~874.

[113] 张东峰，陈晓峰. 高效太阳能空气集热器的研究 [J]. 太阳能学报，2009，30 (1)：61~63.

[114] 张慧宝. 储水式电热水器分层加热技术的分析研究及设计应用 [J]. 家电科技，2011 (7)：88~90.

[115] 蔡贞林，段培真，刘姚. 一种分体式承压水箱 [P]：CN201973932U. 2011-09-14.

[116] 蔡文玉. 基于 CFD 的太阳能分层加热储热水箱优化研究 [D]. 杭州：浙江大学，2014.

[117] 陈丹丹. 分层储热水箱设计及其对太阳能集热器效率的影响研究 [D]. 兰州：兰州理工大学，2014.

[118] 张磊. 家用太阳能热水器储热水箱放水特性的三维数值模拟研究 [D]. 昆明：云南师范大学，2013.

[119] 张森，程伟良，孙东红，等. 太阳能供热系统储热水箱散热机理分析研究 [J]. 电网与清洁能源，2010，26 (1)：73~76.

[120] 崔俊奎，宋检. 太阳能供暖系统室内地下储热水箱的散热规律 [J]. 土木建筑与环境

工程，2013（S2）：56~59.

[121] 胡家军. 分体式太阳能储热水箱 [P]：CN101813390A，2010-08-25.

[122] 张孝德. 一种自带换热介质的太阳能储热水箱 [P]：CN204084900U，2014-09-19.

[123] 唐文学，顾敏，李俊，等. 新型壁挂式太阳能储热水箱 [P]：CN204513819U，2015-01-09.

[124] Bengt Perers, Elsa Anderssen, Roger Nordman, Peter Kovacs. A simplified heat pump model for use in solar plus heat pump system simulation studies [J]. Energy Procedia, 2012, 30: 664~667.

[125] Hawlader M N A, Jahangeer K A. Solar heat pump drying and water heating in the tropics [J]. Solar energy, 2006, 80 (5): 492~499.

[126] Chaturvedi S K, Chen D T, Kheireddine A. Thermal performance of a variable capacity direct expansion solar-assisted heat pump [J]. Energy Conversion and Management, 1998, 39 (3, 4): 181~191.

[127] Chyng J P, Lee C P, Bin-Juine Huang. Performance analysis of a solar-assisted heat pump water heater [J]. Solar Energy, 2003, 74 (1): 33~44.

[128] Caihua Liang, Xiaosong Zhang, Xiuwei Li. Study on the performance of a solar assisted air source heat pump system for building heating [J]. Energy and Buildings, 2011, 43 (9): 531~548.

[129] Richard Thygesen, Björn Karlsson. Economic and energy analysis of three solar assisted heat pump systems in near zero energy buildings [J]. Energy and Buildings, 2013 (66): 77~87.

[130] Mortaza Yari, Mehr A S, Mahmoudi S M S Mahmoudi. Thermodynamic analysis and optimization of a novel dual-evaporator system powered by electrical and solar energy sources [J]. Energy, 2013, 61 (12): 646~656.

[131] Gorozabel Chata F B, Chaturvedi S K, Almogbel A. Analysis of a direct expansion solar assisted heat pump using different refrigerants [J]. Energy Conversion and Management, 2005, 46 (15, 16): 2614~2624.

[132] Wei He, Xiaoqiang Hong, Xudong Zhao, et al. Theoretical investigation of the thermal performance of a novel solar loop-heat-pipe façade-based heat pump water heating system [J]. Energy, 2014, 77 (6): 180~191.

[133] Wonseok Kim, Jongmin Choi, Honghyun Cho. Performance analysis of hybrid solar-geothermal CO_2 heat pump system for residential heating [J]. Renewable Energy, 2013 (50): 596~604.

[134] Kuang Y H, Sumathy K, Wang R Z. Study on a direct-expansion solar assisted heat pump water heating system [J]. International Journal of Research, 2003, 27 (5): 531~548.

[135] Kuang Y H, Wang R Z, Yu L Q. Experimental study on solar assisted heat pump system for heat supply [J]. Energy Conversion and Management, 2003, 44 (7): 1089~1098.

[136] Mohammad Hawlader, Shih-Kai Chou, M. Z. Ullah. The performance of a solar assisted heat pump water heating system [J]. Applied Thermal Engineering, 2001, 21 (10): 1049~1065.

[137] Chata Gorozabel F B, Chaturvedi S K, Almogbel A. Analysis of a direct expansion solar assisted heat pump using different refrigerants [J]. Energy Conversion and Management, 2005, 46: 2614~2624.

[138] Ucar A, Inalli M. Thermal and economical analysis of a central solar heating system with underground seasonal storage in Turkey [J]. Renewable Energy, 2005, 30: 1005~1019.

[139] Scarpa F, Tagliafico L A, Tagliafico G. Integrated solar-assisted heat pumps for water heating coupled to gas burners; control criteria for dynamic operation [J]. Applied Thermal Engineering, 2011 (31): 59~68.

[140] Bakirci Kadir, Yuksel Bedri. Experimental thermal performance of a solar source heat-pump system for residential heating in cold climate region [J]. Applied Thermal Engineering, 2011 (31): 1508~1518.

[141] Rosen M A. The exergy of stratified thermal energy storages [J]. Solar Energy, 2001 (71): 173~185.

[142] Ghadder N K. Stratified storage tank influence on performance of solar water heating system tested in Beirut [J]. Renewable Energy, 1994, 4 (8): 911~925.

[143] Knudsen S. Consumers' influence on the thermal performance of small SDHW systems-Theoretical investigations [J]. Solar Energy, 2002, 73 (1): 33~42.

[144] Castell A, Medrano M, Solé C, et al. Dimensionless numbers used to characterize stratification in water tanks for discharging at low flow rates [J]. Renewable Energy, 2010, 35 (10): 2192~2199.

[145] Madhlopa A, Mgawib R, Tauloc J. Experimental study of temperature stratification in an integrated collector – storage solar water heater with two horizontal tanks [J]. Solar Energy, 2006, 80 (8): 989~1002.

2 热泵系统热力学分析

克劳修斯从热量传递方向性的角度把热力学第二定律描述为：热不可能自发地、不付代价地从低温物体传至高温物体。通过热泵装置的逆向循环[1]可以实现将热量从低温物体传至高温物体，这不违反克劳修斯说法，因为付出了代价并非自发进行的。热泵[2]是利用工质的状态变化进行吸热放热，实现从周围低温环境吸热，把热量传至待加热的高温对象。热泵工作原理与制冷机相同，都是按热机的逆循环工作的，不同之处在于工作温度范围不同，共同点都是要消耗外界的功。

2.1 逆向卡诺循环和蒸气压缩式循环

2.1.1 逆向卡诺循环

逆向卡诺循环（简称逆卡诺循环）是热泵的理想循环，由四个可逆过程组成，分别是可逆等温吸热、可逆绝热压缩、可逆等温放热和可逆绝热膨胀。逆卡诺循环没有任何不可逆损失，是效率最高的热泵循环模式，消耗外界功量也最少。图 2-1 给出了逆卡诺循环原理和 T-s 图[3]。

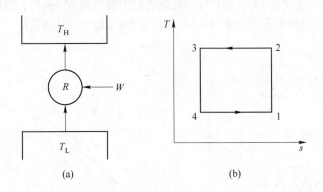

图 2-1　逆卡诺循环原理（a）和 T-s 图（b）

在逆卡诺循环中，1—2 为可逆绝热压缩过程，即获得高温高压制冷剂的过程；2—3 为可逆等温放热过程，即向高温热源放出热量；3—4 为可逆绝热膨胀过程，即获得低温低压制冷剂的过程；4—1 为可逆等温吸热，即从低温热源吸出热量。若设 2—3 等温过程放出的热量为 Q_2，4—1 等温过程吸收的热量为 Q_1，循环 1—2—3—4 消耗的功为 W。由热力学第一定律，$Q_2 = Q_1 + W$。

循环过程制热系数 COP_h 为：

$$COP_h = \frac{Q_2}{W} = \frac{Q_1 + W}{W} = 1 + \frac{Q_1}{W} = \frac{T_2}{T_2 - T_1} = 1 + \frac{T_1}{T_2 - T_1} \tag{2-1}$$

循环过程制冷系数 COP_c 为：

$$COP_c = \frac{Q_1}{W} = \frac{Q_1}{Q_2 - Q_1} = \frac{Q_2}{Q_2 - Q_1} - 1 = \frac{T_2}{T_2 - T_1} - 1 \tag{2-2}$$

如果热泵采用逆卡诺循环，制冷剂在冷凝器内定压凝结过程和在蒸发器内定压吸热过程都是等温过程，符合逆卡诺循环中等温吸热和等温放热，理论上讲可以实现，实际上却不能实现。因为逆卡诺循环中制冷剂与被冷却物或被加热物之间必须是无温差传热，可是实际的热交换过程总是在有温差的情况下进行的，否则理论上要求蒸发器和冷凝器传热面积无限大，同时要求传热时间无限长，实际热泵产品当然是不可能满足的。

2.1.2　蒸气压缩式循环

蒸气压缩式循环由压缩机、冷凝器（CO_2 跨临界循环称为气体冷却器）、节流阀和蒸发器组成。由于节流损失较大，可以利用膨胀机代替节流阀回收膨胀功，从而提高系统性能[4~7]。理想蒸气压缩式循环中压缩机内是等熵压缩，膨胀机内是等熵膨胀过程。图 2-2 给出了 CO_2 跨临界循环原理和 T-s 图。

低压气态制冷剂经压缩机被压缩成高压气态制冷剂（过程 1—2），经气体冷却器进行定压放热（过程 2—3），然后经节流阀进行节流（过程 3—4），低压液态制冷剂在蒸发器内进行定压吸热（过程 4—1），最后回到压缩机，从而完成一个循环。

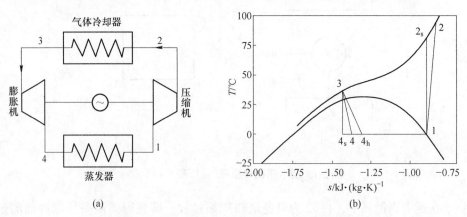

图 2-2　CO_2 跨临界循环原理（a）和 T-s 图（b）

由于 CO_2 跨临界循环膨胀过程的膨胀比较小（为 2~4），而膨胀功较大（占压缩功的 20%~25%），因此可以采用膨胀机代替节流阀来提高系统性能。由图 2-2 可知，采用膨胀机的膨胀过程（3—4）介于等焓膨胀（3—4_h）和等熵膨胀（3—4_s）之间，可以回收相当大的一部分膨胀功，并增加单位制冷量。

2.2 热泵系统组成及热力学分析

2.2.1 单级热泵循环分析

2.2.1.1 单级带节流阀循环分析

单级带节流阀热泵系统由压缩机、冷凝器（CO_2 跨临界循环中称为气体冷却器）、节流阀和蒸发器等部件组成[8]。图 2-3 所示为单级带节流阀热泵系统原理和 T-s 图。低压气态制冷剂经压缩机被压缩成高压气态制冷剂（过程 1—2），经气体冷却器进行定压放热（过程 2—3），然后经节流阀进行节流（过程 3—4），低压液态制冷剂在蒸发器内进行定压吸热（过程 4—1），最后回到压缩机，从而完成一个循环。

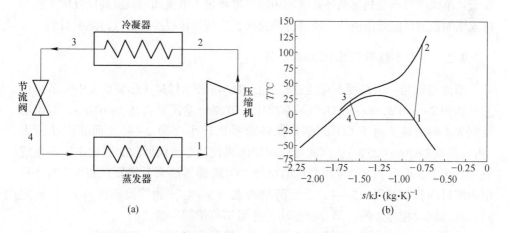

图 2-3 单级带节流阀热泵系统原理（a）和 T-s 图（b）

2.2.1.2 单级带回热器循环分析

回热器[9] 在制冷循环中具有重要作用：进一步降低气体冷却器出口工质温度，因而可以获得更多热量；较大程度的减小节流损失，同时获得更多冷量；提高压缩机吸气工质干度，避免液击事故发生。另外，回热器还可以降低压缩机耗功，进而提高系统性能。

在 CO_2 跨临界循环中，节流损失比较大，当量冷凝温度较高[10]，因此在循环中设置回热器，既能满足性能要求，又可达到高效目的，这在空气源热泵系统中尤为重要。图 2-4 给出了单级带回热器的 CO_2 单级热泵系统原理和 T-s 图。

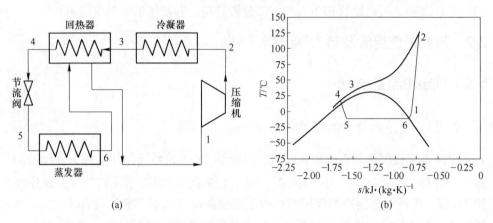

图 2-4　单级带回热器热泵系统原理（a）及 T-s 图（b）

单级带回热器热泵循环系统的工作流程与单级带节流阀热泵循环系统的区别在于：单级带回热器热泵循环系统利用回热器将进入节流阀的高温高压气体工质与进入压缩机的低温低压液体工质进行热交换，达到液体过冷、蒸气过热的目的。

2.2.1.3　单级带膨胀机循环分析

节流过程是一个高度不可逆过程，在 R134a 和 R1234yf 热泵系统中，节流压差可达到 2~3MPa，而在 CO_2 热泵系统中，节流压差甚至高达 5~6MPa，节流能量损失不容忽视。由于 CO_2 跨临界循环膨胀比较小（为 2~4），而膨胀功较大（占压缩功的 20%~25%），因此可以用膨胀机代替节流阀回收膨胀功来提高系统效率。图 2-5 给出了单级带膨胀机的单级 CO_2 跨临界热泵系统原理和 T-s 图。采用膨胀机的膨胀过程（3—4）介于等焓膨胀（3—4_h）和等熵膨胀（3—4_s）之间，可以回收相当大的一部分膨胀功，并增加单位制冷量。

单级带膨胀机热泵系统与单级带节流阀热泵系统不同，带节流阀 CO_2 热泵系统的节流损失大，用膨胀机代替节流阀回收膨胀功，可以较大幅度地提高热泵系统的性能。

2.2.2　双级热泵循环分析

2.2.2.1　双级带节流阀循环分析

图 2-6 为双级带节流阀热泵[11~14]循环示意图及 T-s 图。其工作流程为：低

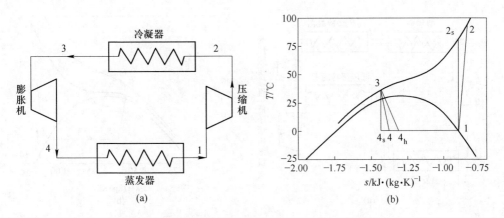

图 2-5　单级带膨胀机热泵系统原理（a）及 T-s 图（b）

温低压的 CO_2 工质由蒸发器流出直接进入低压级压缩机，压缩至中间压力后经低
压级气体冷却器定压冷却；然后进入高压级压缩机继续压缩，高温高压的 CO_2 工
质进入高压级气体冷却器中继续冷却；最后高温高压 CO_2 工质经节流阀等焓降压
后，再次流入蒸发器，循环周而复始。

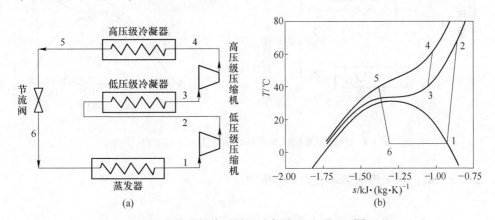

图 2-6　双级带节流阀热泵循环示意图（a）及 T-s 图（b）

2.2.2.2　双级带回热器循环分析

图 2-7 为双级带回热器热泵循环示意图及 T-s 图。其工作流程与单级带回热
器热泵循环的工作流程相似，此处不再赘述。

2.2.2.3　双级带膨胀机循环分析

图 2-8 为双级带膨胀机热泵循环示意图及 T-s 图。其工作流程与单级带膨胀
机热泵循环的工作流程相似，此处不再赘述。

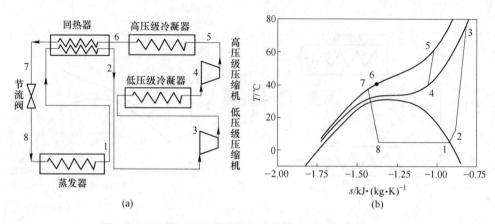

图 2-7　双级带回热器热泵循环示意图（a）及 T-s 图（b）

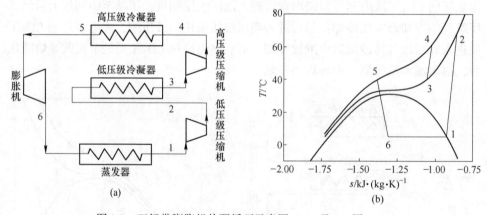

图 2-8　双级带膨胀机热泵循环示意图（a）及 T-s 图（b）

2.2.3　单、双级热泵循环热力学分析

2.2.3.1　单级循环热力学分析

单级带节流阀的热泵系统制冷系数：

$$COP = \frac{h_1 - h_4}{h_2 - h_1} \qquad (2\text{-}3)$$

单级带回热器的热泵系统制冷系数：

$$COP = \frac{h_6 - h_5}{h_2 - h_1} \qquad (2\text{-}4)$$

单级带膨胀机的热泵系统制冷系数：

$$COP = \frac{h_1 - h_4}{(h_2 - h_1) - (h_3 - h_4)} \tag{2-5}$$

2.2.3.2 双级循环热力学分析

双级带节流阀的热泵制冷系数：

$$COP = \frac{h_1 - h_6}{(h_2 - h_1) + (h_4 - h_3)} \tag{2-6}$$

双级带回热器的热泵制冷系数：

$$COP = \frac{h_1 - h_8}{(h_3 - h_2) + (h_5 - h_4)} \tag{2-7}$$

双级带膨胀机的热泵制冷系数：

$$COP = \frac{h_1 - h_6}{(h_2 - h_1) + (h_4 - h_3) - (h_5 - h_6)} \tag{2-8}$$

计算条件和假设：

(1) 系统在稳态条件下运行；

(2) 忽略换热器及其他管道的压降和热损失；

(3) 压缩机的效率取为75%；

(4) 膨胀机的效率设为50%；

(5) 蒸发温度的范围取为−5~5℃；

(6) 过热度为10℃。

2.3 热泵系统性能平台

以热力学第一定律为基础，借助 Visual Basic 程序开发热泵系统性能平台，基于选定的 R134a、R1234yf 和 CO_2 三种制冷剂，分别对带节流阀的单级热泵系统、带回热器的单级热泵系统、带膨胀机的单级热泵系统、带节流阀的双级热泵系统、带回热器的双级热泵系统、带膨胀机的双级热泵系统等六种循环进行性能计算，并对影响热泵系统性能的温度、压力、效率及过热度等参数进行研究，为开展性能测试试验台乃至开发高效热泵热水器提供理论指导。

国内 CO_2 热泵性能分析多采用国外专用软件，购买软件不仅资金昂贵，且涉及知识产权问题，这在国内推广 CO_2 热泵技术尤其不利。利用 Visual Basic 程序编制了六种热泵循环的性能分析平台[15]，该方法技术路线合理，为提高热泵产品性能提供理论依据。

2.3.1 性能平台界面

本程序基于 Visual Basic 编写，根据热力设备的热力学特性，计算各工况点热力参数，计算出相应循环 COP 值。比较不同循环方式和不同循环工质下的循环效率。图 2-9~图 2-14 分别给出了带节流阀、带回热器和带膨胀机的单、双级热泵循环程序界面。

计算条件和假设：

（1）系统在稳态条件下运行；

（2）忽略换热器及其他管道的压降和热损失；

（3）跨临界 CO_2 运行压力为 7.5~13MPa；

（4）R134a 运行压力为 0.6~4.0MPa；

（5）R1234yf 运行压力为 0.6~3.3MPa。

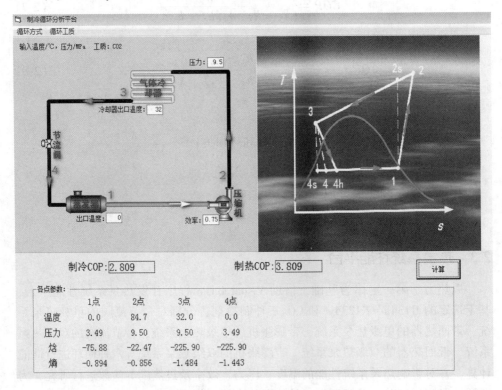

图 2-9　带节流阀的单级热泵循环程序界面

2.3.2　性能平台使用

性能平台使用步骤如下：

（1）通过"循环方式"下拉菜单可选择 6 种循环方式：单级带节流阀循环、单级带回热器循环、单级带膨胀机循环、双级带节流阀循环、双级带回热器循环和双级带膨胀机循环。

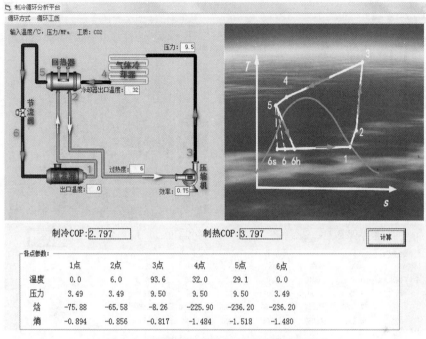

图 2-10　带回热器的单级热泵循环程序界面

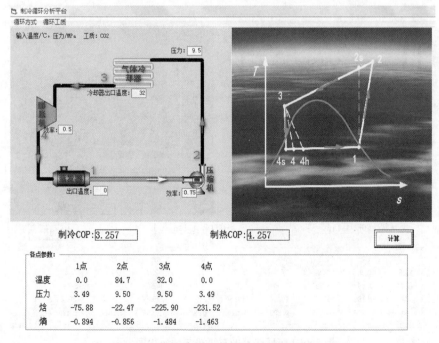

图 2-11　带膨胀机的单级热泵循环程序界面

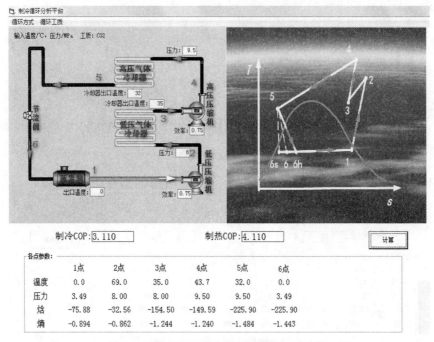

图 2-12   带节流阀的双级热泵循环程序界面

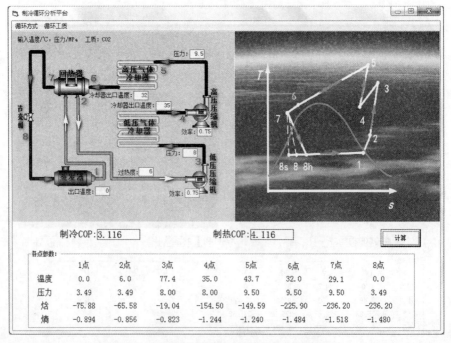

图 2-13   带回热器的双级热泵循环程序界面

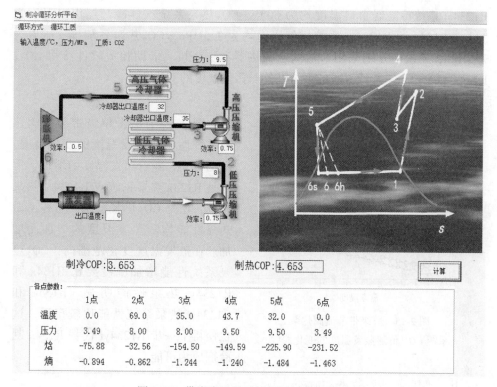

图 2-14　带膨胀机的双级热泵循环程序界面

各点参数:	1点	2点	3点	4点	5点	6点
温度	0.0	69.0	35.0	43.7	32.0	0.0
压力	3.49	8.00	8.00	9.50	9.50	3.49
焓	-75.88	-32.56	-154.50	-149.59	-225.90	-231.52
熵	-0.894	-0.862	-1.244	-1.240	-1.484	-1.463

（2）通过"循环工质"下拉菜单可选择 3 种循环工质：CO_2、R134a 和 R1234yf。

（3）随着循环方式和循环工质的变换，循环设备图（左）和循环 T-s 图（右）也会相应变换。

（4）循环设备图（左）上相应工况点输入给定参数（温度,℃；压力，MPa）。

（5）点击"计算"按钮。

（6）程序运行计算，显示对应工况下的"制冷 COP 值"、"制热 COP 值"以及各工况点的热力参数。

（7）程序计算结果以记事本文件形式保存在指定的目录下，方便调用。

2.4　热泵系统性能分析

2.4.1　单级热泵循环性能分析

2.4.1.1　蒸发温度对热泵系统性能的影响

给定条件，压缩机和膨胀机的效率均为 0.75，系统过热度为 6℃，R134a 和

R1234yf 系统冷凝器出口温度均为 50℃，CO_2 热泵系统气体冷却器出口温度为 32℃，R134a 和 R1234yf 系统排气压力均为 2.5MPa，CO_2 热泵系统排气压力为 7.5MPa，系统中分别采用节流阀、回热器和膨胀机，借助相关软件获得 CO_2、R134a 和 R1234yf 三种工质的系统性能与蒸发温度的变化规律。

　　A　单级带节流阀热泵系统

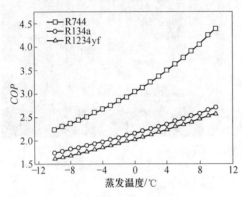

图 2-15　单级带节流阀热泵
系统 *COP* 值随蒸发温度的变化曲线

　　图 2-15 给出了单级带节流阀热泵系统性能随蒸发温度的变化情况。由图可知，随着蒸发温度的增加，无论是 R134a 热泵系统或 R1234yf 热泵系统，还是 CO_2 热泵系统，三种工质热泵性能均随蒸发温度的增加而增加。在蒸发温度变化范围内，CO_2 热泵系统性能增加幅度要比 R134a 和 R1234yf 热泵性能明显。R134a 和 R1234yf 热泵系统性能比较接近，这也使得下一步 R1234yf 代替 R134a 制冷剂成为可能。

　　B　单级带回热器热泵循环

　　制冷系统中增设回热器，可以实现节流阀前高温制冷剂和来自蒸发器低温制冷剂进行内部热交换，使得高温制冷剂因向低温制冷剂放出热量而进一步过冷，低温制冷剂因吸收高温制冷剂的热量而过热[16~18]。这样，不仅增加了单位制冷量，而且减小了低温制冷剂与环境之间的传热温差，降低了吸气管道中的有害过热。回热器本质是在一定程度上回收了节流阀前高压制冷剂的部分有用功，减小了节流损失。所以说采用内部热交换器可以降低节流阀入口处的熔值，提高系统性能。

　　图 2-16 给出了单级带回热器热泵系统性能随蒸发温度的变化情况。由图可知，随着蒸发温度[19~22]的增加，无论是 R134a 热泵系统或 R1234yf 热泵系统，还是 CO_2 热泵系统，三种工质热泵性能均随蒸发温度的增加而增加。在蒸发温度变化范围内，CO_2 热泵系统性能增加幅度要比 R134a 和 R1234yf 热泵性能明显。R134a 和 R1234yf 热泵系统性能比较接近，在较低蒸发温度时，R134a 和 R1234yf 热泵系统性能与 CO_2 热泵系统性能差距较小，随着蒸发温度的增加，这种差距越来越大。主要原因是 CO_2 节流压差要比 R134a 和 R1234yf 热泵系统高，CO_2 热泵节流压差可达 5~6MPa，而 R134a 和 R1234yf 热泵节流压差为 2~3MPa，节流压差越大，系统的节流损失越严重。随着蒸发温度的增加，节流压差变小，

对应的节流损失也越小，这在 CO_2 热泵循环中尤其明显。

C 单级带膨胀机热泵循环

图 2-17 给出了单级带膨胀机热泵系统性能随蒸发温度的变化情况。由图可知，随着蒸发温度的增加，三种工质热泵性能均随蒸发温度的增加而增加。在蒸发温度变化范围内，CO_2 热泵系统性能增加幅度要比 R134a 和 R1234yf 热泵性能明显。R134a 和 R1234yf 热泵系统性能比较接近，在较低蒸发温度时，R134a 和 R1234yf 热泵系统性能与 CO_2 热泵系统性能差距较小，随着蒸发温度的增加，这种差距越来越大。对于同一制冷剂热泵系统，带膨胀机热泵系统性能要优于带节流阀和带回热器热泵系统性能，这在 CO_2 热泵系统中尤为明显。主要原因是 CO_2 节流压差要比 R134a 和 R1234yf 热泵系统高，节流压差越大，系统的节流损失越严重。利用膨胀机代替节流阀回收膨胀功，可以进一步减小系统耗功。同时，这也是 CO_2 热泵走向应用的关键。

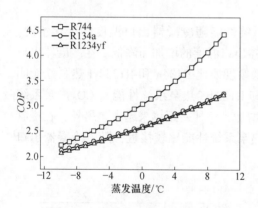

图 2-16 单级带回热器热泵系统
COP 值随蒸发温度的变化曲线

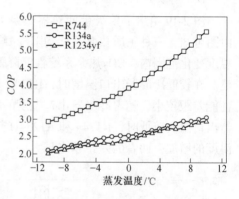

图 2-17 单级带膨胀机热泵系统
COP 值随蒸发温度的变化曲线

三种单级热泵系统性能对比表明：带膨胀机循环性能最优，带回热器循环性能次之，带节流阀循环性能最差。此外，在相同循环的对比条件下，CO_2 工质的循环性能最优，R134a 和 R1234yf 的循环性能较为接近。当蒸发温度为 10℃ 时，CO_2 单级带膨胀机热泵循环的性能 COP 值高达 5.58，这一数值比带回热器循环和带节流阀循环分别提高了约 26.18% 和 26.68%。

2.4.1.2 冷凝器出口温度对热泵系统性能的影响

给定条件，压缩机和膨胀机的效率均为 0.75，系统过热度为 6℃，R134a 和 R1234yf 系统蒸发温度均为 0℃，R134a 和 R1234yf 系统排气压力均为 2.5MPa，CO_2 热泵系统排气压力为 7.5MPa，系统中分别采用节流阀、回热器和膨胀机，

借助相关软件获得 CO_2、R134a 和 R1234yf 三种工质的系统性能与冷凝器出口温度的变化规律。

A　单级带节流阀热泵系统

图 2-18 给出了单级带节流阀热泵系统性能随冷凝器出口温度的变化情况。由图可知，随着冷凝器出口温度[23~25]的增加，无论是 R134a 热泵系统或 R1234yf 热泵系统，还是 CO_2 热泵系统，三种工质热泵性能均随冷凝器出口温度的增加而降低。在冷凝器出口温度变化范围内，CO_2 热泵系统性能降低幅度要比 R134a 和 R1234yf 热泵性能明显。R134a 和 R1234yf 热泵系统性能比较接近，在较低冷凝器出口温度时，R134a 和 R1234yf 热泵系统性能与 CO_2 热泵系统性能差距较小，随着冷凝器出口温度的增加，这种差距越来越大。CO_2 跨临界循环，没有常规工质压缩后的冷凝放热，是气体冷却过程。这一过程的终点温度受环境温度（一般是 35℃）限制，可确定为 38℃ 或 40℃。

B　单级带回热器热泵系统

图 2-19 给出了单级带回热器热泵系统性能随冷凝器出口温度的变化情况。由图可知，三种工质热泵性能均随冷凝器出口温度的增加而降低。在冷凝器出口温度变化范围内，CO_2 热泵系统性能降低幅度要比 R134a 和 R1234yf 热泵性能明显。在较低冷凝器出口温度时，R134a 和 R1234yf 热泵系统性能与 CO_2 热泵系统性能差距较小，随着冷凝器出口温度的增加，这种差距越来越大。另外，在冷凝器出口温度较低时，R134a 和 R1234yf 热泵系统性能比较接近，随着冷凝器出口温度的增加，两者的差距越来越大。

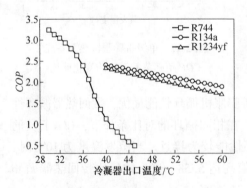

图 2-18　单级带节流阀热泵系统
COP 值随冷凝器出口温度的变化曲线

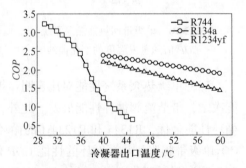

图 2-19　单级带回热器热泵系统
COP 值随冷凝器出口温度的变化曲线

C　单级带膨胀机热泵系统

图 2-20 给出了单级带膨胀机热泵系统性能随冷凝器出口温度的变化情况。

由图可知，三种工质热泵性能均随冷凝器出口温度的增加而降低。在冷凝器出口温度变化范围内，CO_2 热泵系统性能降低幅度要比 R134a 和 R1234yf 热泵性能明显。分析表明，当 CO_2 热泵系统气体冷却器出口温度达到 32℃ 时，性能 COP 值下降速率较为平缓，之后随着气体冷却器出口温度的升高而急剧下降。当 CO_2 热泵系统气体冷却器出口温度为 35℃ 时，单级带膨胀机循环的性能 COP 值为 3.58，其性能

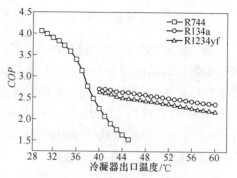

图 2-20　单级带膨胀机热泵系统
COP 值随冷凝器出口温度的变化曲线

比带回热器循环和带节流阀循环提高了 26.70%、25.98%。另外，在实际应用中应尽可能地降低冷凝器出口温度以此来提高热泵系统的性能。同时，由于受到冷却水入口温度的限制，冷凝器出口温度不能无限制地降低。

2.4.1.3　回热器过热度对热泵系统性能的影响

给定条件，压缩机和膨胀机的效率均为 0.75，蒸发温度为 0℃，R134a 和 R1234yf 系统冷凝器出口温度均为 50℃，CO_2 热泵系统气体冷却器出口温度为 32℃，R134a 和 R1234yf 系统排气压力均为 2.5MPa，CO_2 热泵系统排气压力为 7.5MPa。系统中分别采用节流阀、回热器和膨胀机，借助相关软件获得 CO_2、R134a 和 R1234yf 三种工质的系统性能与过热度的变化规律。

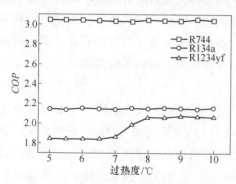

图 2-21　单级带回热器热泵系统
COP 值随过热度的变化曲线

图 2-21 给出了单级带回热器热泵系统过热度[26~29]对系统性能的影响情况。由图可以看出，随着回热器过热度不断增大，三种单级热泵系统的性能 COP 值均逐渐升高，但变化幅度不是很大。相同循环的对比条件下，当蒸发温度为 9℃ 时，CO_2、R134a 和 R1234yf 热泵系统性能分别为 3.05、2.15 和 2.07。CO_2 热泵循环性能最优，R1234yf 热泵循环性能最差，R134a 热泵循环性能介于两者之间。

另外，在单级热泵系统中增设回热器，不仅增加了单位制冷量，提高了系统的效率，同时也缩小了蒸气与外界环境之间的传热温差，使进气管路中的有害过热得到降低。

2.4.1.4　压缩机效率对热泵系统性能的影响

膨胀机效率为 0.75，过热度为 6℃，蒸发温度为 0℃，R134a 和 R1234yf 系统冷凝器出口温度均为 50℃，CO_2 热泵系统气体冷却器出口温度为 32℃，R134a 和 R1234yf 系统排气压力均为 2.5MPa，CO_2 热泵系统排气压力为 7.5MPa。系统中分别采用节流阀、回热器和膨胀机，借助相关软件获得 CO_2、R134a 和 R1234yf 三种工质的系统性能与压缩机效率[30~33]的变化规律。

A　单级带节流阀热泵系统

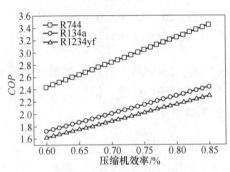

图 2-22　单级带节流阀热泵系统
COP 值随压缩机效率的变化曲线

图 2-22 给出了单级带节流阀热泵系统性能随压缩机效率的变化情况。由图可知，随着压缩机效率的增加，无论是 R134a 热泵系统或 R1234yf 热泵系统，还是 CO_2 热泵系统，三种工质热泵性能均随压缩机效率的增加而增加。在压缩机效率变化范围内，CO_2 热泵系统性能增加幅度要比 R134a 和 R1234yf 热泵性能明显。R134a 和 R1234yf 热泵系统性能比较接近，在较低压缩机效率时，R134a 和 R1234yf 热泵系统性能与 CO_2 热泵系统性能差距较小，随着压缩机效率的增加，这种差距越来越大。理想情况下，压缩机内是绝热压缩过称，没有耗散效应。实际压缩机过程并非绝热压缩，需要考虑高压高温制冷剂在压缩机内传热损失、流动阻力和摩擦损失等不可逆因素。另外，压缩机效率还和机型、加工精度等有关。无论何种压缩机类型，提高压缩机效率就是减少不可逆损失，因而系统性能增加。

B　单级带回热器热泵系统

图 2-23 给出了单级带回热器热泵系统性能随压缩机效率的变化情况。由图可知，随着压缩机效率的增加，无论是 R134a 热泵系统或 R1234yf 热泵系统，还是 CO_2 热泵系统，三种工质热泵性能均随压缩机效率的增加而增加。在压缩机效率变化范围内，CO_2 热泵系统性能增加幅度要比 R134a 和 R1234yf 热泵性能明显。R134a 和 R1234yf 热泵系统性能比较接近，在较低压缩机效率时，R134a 和 R1234yf 热泵系统性能与 CO_2 热泵系统性能差距较小，随着压缩机效率的增加，这种差距越来越大。

C　单级带膨胀机热泵系统

图 2-24 给出了单级带膨胀机热泵系统性能随压缩机效率的变化情况。由图

可知，随着压缩机效率的增加，无论是 R134a 热泵系统或 R1234yf 热泵系统，还是 CO_2 热泵系统，三种工质热泵性能均随压缩机效率的增加而增加。在压缩机效率变化范围内，CO_2 热泵系统性能增加幅度要比 R134a 和 R1234yf 热泵性能明显。R134a 和 R1234yf 热泵系统性能比较接近。在较低膨胀机效率时，R134a 和 R1234yf 热泵系统性能与 CO_2 热泵系统性能差距较小，随着膨胀机效率的增加，这种差距越来越大。

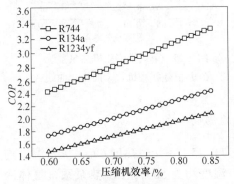

图 2-23　单级带回热器热泵系统
COP 值随压缩机效率的变化曲线

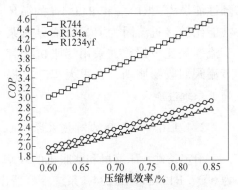

图 2-24　单级带膨胀机热泵系统
COP 值随压缩机效率的变化曲线

三种单级热泵系统性能对比表明，相同循环对比条件下，当压缩机效率为 0.75 时，CO_2 单级膨胀机循环的性能 COP 值为 3.905，在单级节流阀和单级回热器循环的基础上分别提高了 21.99%、21.79%。由此表明，CO_2 工质热泵系统性能最优，R134a 热泵系统性能次之，而 R1234yf 热泵系统性能最差；同时，带膨胀机循环的性能最优，带回热器循环的性能次之，带节流阀循环的性能最差。

2.4.1.5　膨胀机效率对热泵系统性能的影响

压缩机效率为 0.75，过热度为 6℃，蒸发温度为 0℃，R134a 和 R1234yf 系统冷凝器出口温度均为 50℃，CO_2 热泵系统气体冷却器出口温度为 32℃，R134a 和 R1234yf 系统排气压力均为 2.5MPa，CO_2 热泵系统排气压力为 7.5MPa。系统中采用膨胀机，借助相关软件获得 CO_2、R134a 和 R1234yf 三种工质的系统性能与膨胀机效率的变化规律。

图 2-25 给出了单级带膨胀机热泵系统性能随膨胀机效率的变化情况。由图可知，随着膨胀机效率的增加，无论是 R134a 热泵系统或 R1234yf 热泵系统，还是 CO_2 热泵系统，三种工质热泵性能均随膨胀机效率的增加而增加。在膨胀机效率变化范围内，CO_2 热泵系统性能增加幅度要比 R134a 和 R1234yf 热泵性能明

显。R134a 和 R1234yf 热泵系统性能比较接近。

三种带膨胀机单级循环对比表明，当膨胀机效率为 0.75 时，CO_2、R134a 和 R1234yf 三种工质的热泵循环性能分别为 3.91、2.53 和 2.39。CO_2 的循环性能最优，R134a 和 R1234yf 的循环性能比较接近。因为 CO_2 跨临界热泵节流损失比较严重，采用膨胀机代替节流阀回收膨胀功，在很大程度上提高了系统性能。

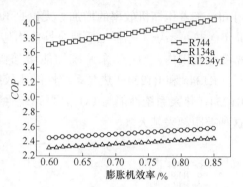

图 2-25　单级带膨胀机热泵系统
COP 值随膨胀机效率的变化曲线

2.4.1.6　排气压力对热泵系统性能的影响

给定条件，压缩机和膨胀机的效率均为 0.75，系统过热度 6℃，蒸发温度均为 0℃，R134a 和 R1234yf 系统冷凝器出口温度均为 50℃，CO_2 热泵系统气体冷却器出口温度为 32℃，系统中分别采用节流阀、回热器和膨胀机，借助相关软件获得 CO_2、R134a 和 R1234yf 三种工质的系统性能与排气压力[34~37] 的变化规律。

A　单级带节流阀热泵系统

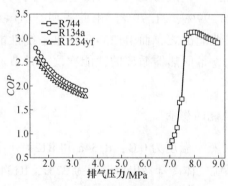

图 2-26　单级带节流阀热泵系统
COP 值随排气压力的变化曲线

图 2-26 给出了单级带节流阀热泵系统性能随排气压力的变化情况。由图可知，随着排气压力的增加，R134a 热泵系统和 R1234yf 热泵系统性能均随排气压力的增加而降低，并且两者性能比较接近。CO_2 跨临界循环中，随排气压力增加，CO_2 热泵系统性能先逐渐增加后逐渐下降，也就是在 CO_2 热泵系统存在最优排气压力，对应最优系统性能。研究表明，气体冷却器出口温度、蒸发温度以及压缩机性能等因素对最优高压压力有很大的影响。

B　单级带回热器热泵系统

图 2-27 给出了单级带回热器热泵系统性能随排气压力的变化情况。由图可知，随着排气压力的增加，R134a 热泵系统和 R1234yf 热泵系统性能均随排气压

力的增加而降低，并且两者性能比较接近。CO_2 跨临界循环中，随排气压力增加，CO_2 热泵系统性能先逐渐增加后逐渐下降，也就是在 CO_2 热泵系统存在最优排气压力，对应最优系统性能。

C 单级带膨胀机热泵系统

图 2-28 给出了单级带膨胀机热泵系统性能随排气压力的变化。由图可知，随着排气压力的增加，R134a 热泵系统和 R1234yf 热泵系统性能均随排气压力的增加而降低，并且两者性能比较接近。CO_2 跨临界循环中，随排气压力增加，CO_2 热泵系统性能先逐渐增加后逐渐下降，也就是在 CO_2 热泵系统存在最优排气压力。

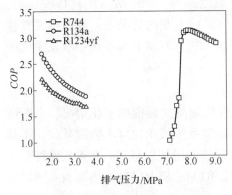 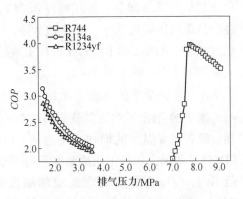

图 2-27 单级带回热器热泵系统   图 2-28 单级带膨胀机热泵系统
    COP 值随排气压力的变化曲线   COP 值随排气压力的变化曲线

性能对比表明，采用相同工质的单级热泵系统，带膨胀机热泵性能最优，带节流阀热泵系统性能最差，带回热器热泵系统性能介于两者之间。以 CO_2 为工质的热泵系统存在最优排气，对应最优系统性能，而 R134a 热泵系统和 R1234yf 热泵并无此特性。给定排气压力范围内，带节流阀、带回热器和带膨胀机 CO_2 热泵循环最优系统性能分别为 3.12、3.14、4.16。此外，跨临界 CO_2 热泵系统运行压力可高达 12MPa，且气体冷却器出口温度的变化会导致压缩机排气压力的变化，应根据用户对热水温度的实际需求来选择最优的热泵热水器运行工况。

2.4.2 双级热泵循环性能分析

在单级循环中，由于压缩机排气温度很高、压差很大和节流损失严重等特点，在一定程度上制约了系统性能的提高，往往使系统效率较低。

CO_2 跨临界双级循环可以克服单级循环排气温度过高的不足，本质上是"当量冷凝温度"过高；其次，采用双级循环、中间冷却[38]是减少压缩功的途径；另外，还可以克服单级循环压比不大、压差很大而泄漏引起容积效率低下的问题，从而提高系统性能。虽然传统上在较低的蒸发温度下（-40℃以下）才能用双级循环[39]，而 CO_2 双级循环可以用在 0℃ 左右的蒸发温度，由于 CO_2 跨临界循环的特殊性，这在原理上是正确的。根据中间冷却的方式不同[40~43]，带回热器和不带回热器，用膨胀机和不用膨胀机，CO_2 双级循环可以有多种结构。本小节分别对两个气体冷却器带节流阀双级循环、两个气体冷却器带膨胀机双级循环、两个气体冷却器带回热器节流阀双级循环等三种 CO_2 跨临界双级循环进行性能分析。

2.4.2.1 蒸发温度对热泵系统性能的影响

其他条件（即高、低压级冷凝器出口温度，高、低压级压缩机排气压力，高、低压级压缩机效率、膨胀机效率和过热度）不变的情况下，借助相关软件获得 CO_2、R134a 和 R1234yf 三种工质的系统性能与双级热泵系统中蒸发温度的关系如图 2-29~图 2-31 所示。

A　双级带节流阀热泵系统

图 2-29 给出了双级带节流阀热泵系统性能随蒸发温度的变化情况。由图可知，随着蒸发温度的增加，无论是 R134a 热泵系统或 R1234yf 热泵系统，还是 CO_2 热泵系统，三种工质热泵性能均随蒸发温度的增加而增加。在蒸发温度变化范围内，CO_2 热泵系统性能增加幅度要比 R134a 和 R1234yf 热泵性能明显。R134a 和 R1234yf 热泵系统性能比较接近。

B　双级带回热器热泵系统

图 2-30 给出了带回热器热泵系统性能随蒸发温度的变化情况。由图可知，随着蒸发温度的增加，无论是 R134a 热泵系统或 R1234yf 热泵系统，还是 CO_2 热泵系统，三种工质热泵性能均随蒸发温度的增加而增加。在蒸发温度变化范围内，CO_2 热泵系统性能增加幅度要比 R134a 和 R1234yf 热泵性能明显。

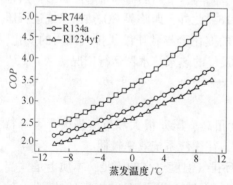

图 2-29　双级带节流阀热泵系统
COP 值随蒸发温度的变化曲线

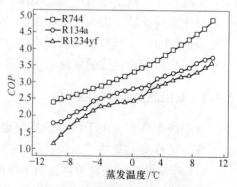

图 2-30　双级带回热器热泵系统
COP 值随蒸发温度的变化曲线

C　双级带膨胀机热泵系统

图 2-31 给出了双级带膨胀机热泵系统性能随蒸发温度的变化情况。由图可知，随着蒸发温度的增加，无论是 R134a 热泵系统或 R1234yf 热泵系统，还是 CO_2 热泵系统，三种工质热泵性能均随蒸发温度的增加而增加。在蒸发温度变化范围内，CO_2 热泵系统性能增加幅度要比 R134a 和 R1234yf 热泵性能明显。R134a 和 R1234yf 热泵系统性能比较接近。

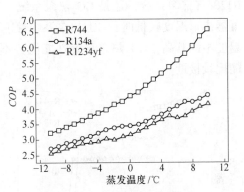

图 2-31　双级带膨胀机热泵系统
COP 值随蒸发温度的变化曲线

三种循环分析表明，随着蒸发温度的逐渐升高，双级热泵系统的性能 COP 值均不断增大，且基本呈线性关系，其中，选用 CO_2 作为循环工质的热泵性能受其影响较为明显。另外，当蒸发温度为 10℃ 时，CO_2、R134a 和 R1234yf 双级带膨胀机热泵系统性能分别为 6.06、4.44 和 4.16，这一数值与带节流阀和带回热器循环的相比，分别提高了约 23.63%、14.89%、16.39% 和 26.18%、15.18%、13.13%。不同工质对比表明，CO_2 热泵系统性能最优，R134a 热泵系统性能较好，R1234yf 热泵系统性能最差。不同循环对比表明，带膨胀机热泵系统性能最优，带回热器热泵系统性能次之，带节流阀热泵系统性能最差。另外，强化蒸发器的换热效果、增加换热面积和采用较高温度的冷冻水等均可提高热泵系统的性能。

2.4.2.2　冷凝器出口温度对热泵系统性能的影响

其他条件（即蒸发温度，高、低压级压缩机排气压力，高、低压级压缩机效率，膨胀机效率及过热度）不变的情况下，借助相关软件获得 CO_2、R134a 和 R1234yf 三种工质的系统性能与双级热泵系统中低压级冷凝器出口温度的关系，如图 2-32 所示。

A　双级带节流阀热泵系统

图 2-32 给出了双级带节流阀热泵系统性能随低压级冷凝器出口温度的变化情况。由图可知，随着低压级冷凝器出口温度的增加，无论是 R134a 热泵系统或 R1234yf 热泵系统，还是 CO_2 热泵系统，三种工质热泵性能均降低。在低压级冷凝器出口温度变化范围内，CO_2 热泵系统性能要比 R134a 和 R1234yf 热泵性能好。R134a 和 R1234yf 热泵系统性能比较接近。

图 2-33 给出了带节流阀热泵系统性能随高压级冷凝器出口温度的变化情况。

由图可知，随着高压级冷凝器出口温度的增加，无论是 R134a 热泵系统或 R1234yf 热泵系统，还是 CO_2 热泵系统，三种工质热泵性能均降低。在高压级冷凝器出口温度较低时，CO_2 热泵系统性能要比 R134a 和 R1234yf 热泵性能好，当温度不断升高，CO_2 热泵系统性能优势不再明显。R134a 和 R1234yf 热泵系统性能比较接近。

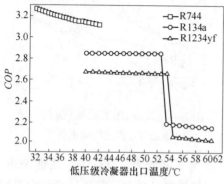

图 2-32　双级带节流阀热泵系统
COP 值随低压级冷凝器出口温度的变化曲线

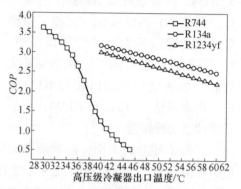

图 2-33　双级带节流阀热泵系统
COP 值随高压级冷凝器出口温度变化曲线

B　双级带回热器热泵系统

图 2-34 给出了双级带回热器热泵系统性能随低压级冷凝器出口温度的变化情况。由图可知，随着低压级冷凝器出口温度的增加，无论是 R134a 热泵系统或 R1234yf 热泵系统，还是 CO_2 热泵系统，三种工质热泵性能均降低。在低压级冷凝器出口温度范围内，CO_2 热泵系统性能要比 R134a 和 R1234yf 热泵性能好，R134a 和 R1234yf 热泵系统性能比较接近。

图 2-35 给出了双级带回热器热泵系统性能随高压级冷凝器出口温度的变化情况。由图可知，随着高压级冷凝器出口温度的增加，无论是 R134a 热泵系统或 R1234yf 热泵系统，还是 CO_2 热泵系统，三种工质热泵性能均降低。在高压级冷凝器出口温度较低时，CO_2 热泵系统性能要比 R134a 和 R1234yf 热泵性能好，当温度不断升高，CO_2 热泵系统性能优势不再明显。R134a 和 R1234yf 热泵系统性能比较接近。

C　双级带膨胀机热泵系统

图 2-36 给出了双级带膨胀机热泵系统性能随低压级冷凝器出口温度的变化情况。由图可知，随着低压级冷凝器出口温度的增加，无论是 R134a 热泵系统或 R1234yf 热泵系统，还是 CO_2 热泵系统，三种工质热泵性能均降低。在低压级冷凝器出口温度范围内，CO_2 热泵系统性能要比 R134a 和 R1234yf 热泵性能好，R134a 和 R1234yf 热泵系统性能比较接近。

　　图 2-37 给出了双级带膨胀机热泵系统性能随高压级冷凝器出口温度的变化情况。由图可知，随着高压级冷凝器出口温度的增加，无论是 R134a 热泵系统或 R1234yf 热泵系统，还是 CO_2 热泵系统，三种工质热泵性能均降低。在高压级冷凝器出口温度较低时，CO_2 热泵系统性能要比 R134a 和 R1234yf 热泵性能好，当温度不断升高，CO_2 热泵系统性能优势不再明显。R134a 和 R1234yf 热泵系统性能比较接近。

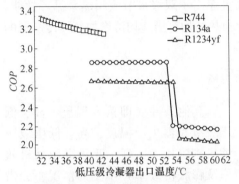

图 2-34　双级带回热器热泵系统
COP 值随低压级冷凝器出口温度变化曲线

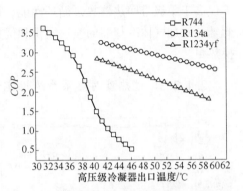

图 2-35　双级带回热器热泵系统
COP 值随高压级冷凝器出口温度变化曲线

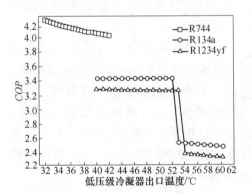

图 2-36　双级带膨胀机热泵系统
COP 值随低压级冷凝器出口温度变化曲线

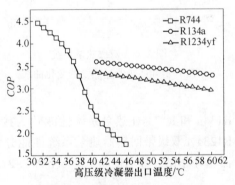

图 2-37　双级带膨胀机热泵系统
COP 值随高压级冷凝器出口温度的变化曲线

　　对比分析表明，不同工质、不同循环模式的双级热泵系统性能随低压级冷凝器出口温度的升高而不断降低。其中，当 R134a 和 R1234yf 热泵系统的低压级冷凝器出口温度达到 53℃ 左右时，循环性能较前一温度急剧下跌，之所以出现这一现象是因为 R134a 和 R1234yf 在此温度下，达到了其对应的临界压力，导致热泵系统性能出现跳跃。CO_2 气体冷却器的出口温度为 35℃ 时，双级带节流阀热泵系统性能比单级带节流阀热泵系统性能提高了约 21.40%，这也说明采用双级压缩可以提高热泵系统性能。在吸气压力和排气压力一定的条件下，双级压缩压缩机耗功要比单级循环压缩机耗功小。

　　对比表明，双级热泵系统性能均随高压级冷凝器出口温度的升高而逐渐降低，其中，CO_2工质受其温度的影响最为明显。另外，在相同循环的对比条件下，CO_2热泵循环性能最优，R134a 和 R1234yf 热泵循环性能接近。当高压级冷凝器出口温度为 35℃时，带回热器 CO_2 双级热泵系统性能 *COP* 值为 2.88，其值不仅高于单级带回热器热泵循环性能，而且还高于双级带节流阀热泵循环性能。此外，增加气体冷却器的换热面积和优化换热结构等措施均可增加气体冷却器的换热量。

2.4.2.3　过热度对热泵系统性能的影响

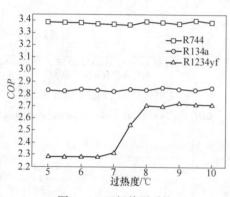

图 2-38　双级热泵系统
COP 值随回热器过热度的变化曲线

　　其他条件（即蒸发温度，高、低压级冷凝器出口温度，高、低压级压缩机排气压力，高、低压级压缩机效率及膨胀机效率）不变的情况下，借助相关软件获得 CO_2、R134a 和 R1234yf 三种工质的系统性能与双级热泵系统中回热器过热度的关系，如图 2-38 所示。

　　由图 2-38 可知，过热度与双级热泵系统性能呈正比关系，其中 R1234yf 热泵系统在过热度为 8℃左右时，性能急剧增大。CO_2 热泵系统性能最优，R134a 和 R1234yf 热泵系统性能较为接近。当过热度为 9℃时，CO_2、R134a 和 R1234yf 双级带回热器热泵系统性能分别为 3.32、2.84 和 2.72，与单级带回热器循环相比，分别提高了约 8.54%、27.67%和 23.64%。

2.4.2.4　压缩机效率对热泵系统性能的影响

　　其他条件（即蒸发温度，高、低压级压缩机排气压力，膨胀机效率及过热度）不变的情况下，借助相关软件获得 CO_2、R134a 和 R1234yf 三种工质的系统性能与双级热泵系统中压缩机效率的关系，如图 2-39 所示。

　　A　双级带节流阀热泵系统

　　图 2-39 给出了双级带节流阀热泵系统性能随低压级压缩机效率的变化情况。由图可知，随着低压级压缩机效率的增加，无论是 R134a 热泵系统或 R1234yf 热泵系统，还是 CO_2 热泵系统，三种工质热泵性能均增加。在低压级压缩机效率范

围内，CO_2 热泵系统性能最优，R1234yf 热泵系统性能最差，R134a 热泵系统性能介于两者之间。当低压级压缩机效率为 0.75 时，CO_2、R134a 和 R1234yf 双级带节流阀热泵系统性能分别为 3.38、2.83 和 2.60，与单级带节流阀热泵系统相比，分别提高了约 9.78%、23.80% 和 22.20%。由分析可知，采用两级压缩的主要目的一是降低压缩机的排气温度，二是减小压缩机的耗功，从而提高热泵系统性能。

图 2-40 给出了双级带节流阀热泵系统性能随高压级压缩机效率的变化情况。由图可知，随着高压级压缩机效率的增加，无论是 R134a 热泵系统或 R1234yf 热泵系统，还是 CO_2 热泵系统，三种工质热泵性能均增加。在高压级压缩机效率范围内，CO_2 热泵系统性能最优，R1234yf 热泵系统性能最差，R134a 热泵系统性能介于两者之间。

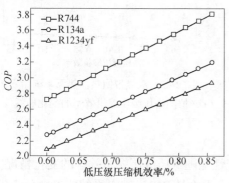

图 2-39　双级带节流阀热泵系统
COP 值随低压级压缩机效率的变化曲线

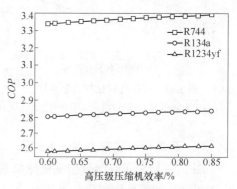

图 2-40　双级带节流阀热泵系统
COP 值随高压级压缩机效率的变化曲线

对比分析表明，当低压级压缩机和高压级压缩机的效率降低相同幅度时，降低高压级压缩机效率对应的最优中间压力要高于降低低压级压缩机效率对应的中间压力，并且也要高于高压级压缩机效率没有降低时对应的中间压力；降低高压级压缩机效率对应的最优 COP 值要高于降低低压级压缩机效率对应的 COP 值。因此，可以得出，低压级压缩机的效率对整个循环系统的性能影响更为显著，这为 CO_2 跨临界双级循环中，低压级压缩机的设计、选型和工况调解等方面提供理论依据。

B　双级带回热器热泵系统

图 2-41 给出了双级带回热器热泵系统性能随低压级压缩机效率的变化情况。由图可知，随着低压级压缩机效率的增加，无论是 R134a 热泵系统或 R1234yf 热泵系统，还是 CO_2 热泵系统，三种工质热泵性能均增加。在低压级压缩机效率范围内，CO_2 热泵系统性能最优，R1234yf 热泵系统性能最差，R134a 热泵系统性

能介于两者之间。

图 2-42 给出了双级带回热器热泵系统性能随高压级压缩机效率的变化情况。由图可知，随着高压级压缩机效率的增加，无论是 R134a 热泵系统或 R1234yf 热泵系统，还是 CO_2 热泵系统，三种工质热泵性能均增加。在高压级压缩机效率范围内，CO_2 热泵系统性能最优，R1234yf 热泵系统性能最差，R134a 热泵系统性能介于两者之间。

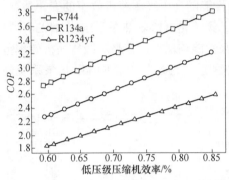 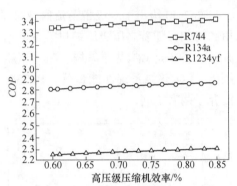

图 2-41　双级带回热器热泵系统
COP 值随低压级压缩机效率的变化曲线

图 2-42　双级带回热器热泵系统
COP 值随高压级压缩机效率的变化曲线

C　双级带膨胀机热泵系统

图 2-43 给出了双级带膨胀机热泵系统性能随低压级压缩机效率的变化情况。由图可知，随着低压级压缩机效率的增加，无论是 R134a 热泵系统或 R1234yf 热泵系统，还是 CO_2 热泵系统，三种工质热泵性能均增加。在低压级压缩机效率范围内，CO_2 热泵系统性能最优，R1234yf 热泵系统性能最差，R134a 热泵系统性能介于两者之间。

图 2-44 给出了双级带膨胀机热泵系统性能随高压级压缩机效率的变化情况。

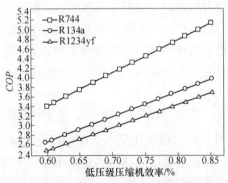 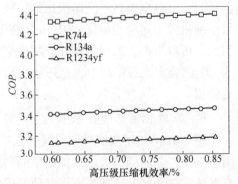

图 2-43　双级带膨胀机热泵系统
COP 值随低压级压缩机效率的变化曲线

图 2-44　双级带膨胀机热泵系统
COP 值随高压级压缩机效率的变化曲线

由图可知，随着高压级压缩机效率的增加，无论是 R134a 热泵系统或 R1234yf 热泵系统，还是 CO_2 热泵系统，三种工质热泵性能均增加。在高压级压缩机效率范围内，CO_2 热泵系统性能最优，R1234yf 热泵系统性能最差，R134a 热泵系统性能介于两者之间。

分析对比表明，随高压级压缩机效率的不断升高，不同工质、不同循环模式的热泵系统性能均缓慢增加。相同循环的对比，当高压级压缩机效率为 0.75 时，CO_2、R134a 和 R1234yf 双级带膨胀机热泵系统性能分别为 4.43、3.44 和 3.16，分别高于双级带节流阀热泵系统和双级带回热器热泵系统的性能。当然，压缩机效率不仅和压缩机机型有关，还和压缩机加工水平密切相关，仅从提高压缩机效率角度考虑提高热泵系统的性能具有很大局限性。

2.4.2.5 膨胀机效率对热泵系统性能的影响

其他条件（即蒸发温度，高、低压级压缩机排气压力，压缩机效率及过热度）不变的情况下，借助相关软件获得 CO_2、R134a 和 R1234yf 三种工质的系统性能与双级热泵系统中压缩机效率的关系，如图 2-45 所示。

图 2-45 给出了双级带膨胀机热泵系统性能随膨胀机效率[44]的变化情况。由图可知，随着膨胀机效率的增加，无论是 R134a 热泵系统或 R1234yf 热泵系统，还是 CO_2 热泵系统，三种工质热泵性能均随膨胀机效率的增加

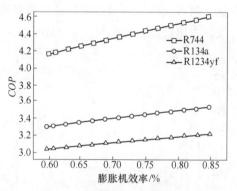

图 2-45 双级带膨胀机热泵系统
COP 值随膨胀机效率的变化曲线

而增加。在膨胀机效率变化范围内，CO_2 热泵系统性能最优，R1234yf 热泵系统性能最差，R134a 热泵系统性能介于两者之间。

2.4.2.6 排气压力对热泵系统性能的影响

其他条件（即蒸发温度，高、低压级冷凝器出口温度，压缩机效率、膨胀机效率及过热度）不变的情况下，借助相关软件获得 CO_2、R134a 和 R1234yf 三种工质的系统性能与双级热泵系统中压缩机排气压力的关系，如图 2-46 所示。

A 双级带节流阀热泵系统

图 2-46 给出了双级带节流阀热泵系统性能随低压级压缩机排气压力的变化情况。由图可知，随着排气压力的增加，无论是 R134a 热泵系统或 R1234yf 热泵系统，还是 CO_2 热泵系统性能，三种热泵系统性能均先逐渐增加后逐渐下降，也

就是热泵系统存在最优排气压力，对应最优系统性能。R134a 热泵系统和 R1234yf 热泵系统性能接近，两者的排气压力也比较低，最高排气压力不超过3～4MPa。CO_2 热泵系统排气压力比较高，最高可达 8.5MPa 以上。分析排气压力对热泵性能影响原因，主要是压力比的影响。当排气压力较低、压力比较小时，制冷剂在压缩机内压缩不足，达不到高温高压的目的，影响制冷制热能力；当排气压力较高、压力比较大时，制冷剂在压缩机内泄漏损失增加，压缩机效率下降，进而影响热泵系统性能。研究表明，气体冷却器出口温度、蒸发温度以及压缩机性能等因素对最优高压压力有很大的影响。

图 2-47 给出了双级带节流阀热泵系统性能随高压级压缩机排气压力的变化情况。由图可知，随着排气压力的增加，R134a 热泵系统和 R1234yf 热泵系统性能均下降，CO_2 热泵系统性能先逐渐增加后逐渐下降，也就是 CO_2 热泵系统存在最优排气压力，对应最优系统性能。R134a 热泵系统性能优于 R1234yf 热泵系统性能，两者的排气压力也比较低，最高排气压力不超过 3～4MPa。CO_2 热泵系统排气压力比较高，最高可达 8.5MPa 以上。

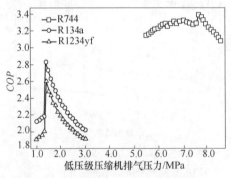

图 2-46　双级带节流阀热泵系统
COP 值随低压级压缩机排气压力变化曲线

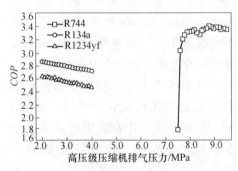

图 2-47　双级带节流阀热泵系统
COP 值随高压级压缩机排气压力变化曲线

B　双级带回热器热泵系统

图 2-48 给出了双级带回热器热泵系统性能随低压级压缩机排气压力的变化情况。由图可知，随着低压级压缩机排气压力的增加，无论是 R134a 热泵系统或 R1234yf 热泵系统，还是 CO_2 热泵系统，三种循环系统性能先逐渐增加后逐渐下降，也就是热泵系统存在最优排气压力，对应最优系统性能。三种工质的热泵循环中，CO_2 热泵系统排气压力最高，最高可达 8.5MPa 以上，在排气压力较高时，CO_2 热泵系统性能要优于 R134a 热泵系统和 R1234yf 热泵系统。R134a 热泵系统和 R1234yf 热泵系统排气压力较低，并且 R134a 热泵系统性能优于 R1234yf 热泵系统性能。对于空调和热泵产品，避免出现 R134a 热泵系统和 R1234yf 热泵系统排气压力过高，不仅耗电急剧增加，而且对热泵机组运行也不利。CO_2 热泵

产品应注意其临界参数（临界温度30.98℃，临界压力7.377MPa），在此临界参数数下运行，系统性能较差。

图2-49给出了双级带回热器热泵系统性能随高压级压缩机排气压力的变化情况。由图可知，随着排气压力的增加，R134a热泵系统和R1234yf热泵系统性能均下降，CO_2热泵系统性能先逐渐增加后逐渐下降，也就是CO_2热泵系统存在最优排气压力，对应最优系统性能。R134a热泵系统性能优于R1234yf热泵系统性能，两者的排气压力也比较低，最高排气压力不超过3~4MPa。CO_2热泵系统排气压力比较高，最高可达8.5MPa以上。

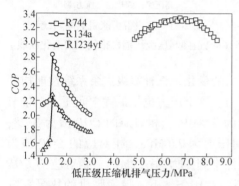

图2-48　双级带回热器热泵系统
COP值随低压级压缩机排气压力变化曲线

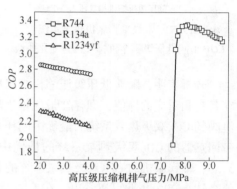

图2-49　双级带回热器热泵系统
COP值随高压级压缩机排气压力变化曲线

C　双级带膨胀机热泵系统

图2-50给出了双级带膨胀机热泵系统性能随低压级压缩机排气压力的变化情况。由图可知，随着低压级压缩机排气压力的增加，无论是R134a热泵系统或R1234yf热泵系统，还是CO_2热泵系统，三种循环系统性能先逐渐增加后逐渐下降，也就是热泵系统存在最优排气压力，对应最优系统性能。三种工质的热泵循环中，CO_2热泵系统排气压力最高，并且系统性能要优于R134a热泵系统和R1234yf热泵系统。R134a热泵系统和R1234yf热泵系统排气压力较低，并且R134a热泵系统性能优于R1234yf热泵性能。

图2-51给出了双级带膨胀机热泵系统性能随高压级压缩机排气压力的变化情况。由图可知，随着排气压力的增加，R134a热泵系统和R1234yf热泵系统性能均下降，CO_2热泵系统性能先逐渐增加后逐渐下降，也就是CO_2热泵系统存在最优排气压力，对应最优系统性能，最大的性能COP值分别为3.29、3.33和4.39。R134a热泵系统性能优于R1234yf热泵系统性能，两者的排气压力也比较低，最高排气压力不超过3~4MPa。CO_2热泵系统排气压力比较高，最高可达8.5MPa以上，较高排气压力时，热泵系统性能也较好。

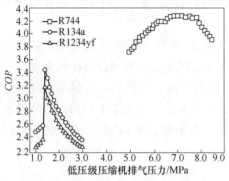

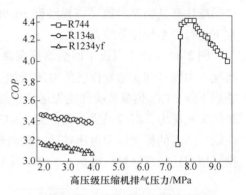

图 2-50　双级带膨胀机热泵系统
COP 值随低压级压缩机排气压力变化曲线

图 2-51　双级带膨胀机热泵系统
COP 值随高压级压缩机排气压力变化曲线

分析表明，随着低压级压缩机排气压力的变化，三种双级热泵系统性能均存在各自相对应的峰值，即存在最优排气压力，这个压力也是最优中间压力。带节流阀的 CO_2 双级热泵系统的最优中间压力为 7.4MPa，相对应的 *COP* 值为 3.28；带回热器的 CO_2 双级热泵系统的最优中间压力为 7.6MPa，相对应的 *COP* 值为 3.35；带膨胀机的 CO_2 双级热泵系统的最优中间压力为 7.2MPa，相对应的 *COP* 值高达 4.29。由此可以看出，在不同循环的对比条件下，带膨胀机的热泵系统性能最优，带回热器的热泵系统性能次之，带节流阀的热泵系统性能最差。带膨胀机的双级热泵系统最优中间压力最低，这也有利于热泵机组的运行。

2.5　小结

从热力学第一定律的角度出发，应用热泵循环性能计算软件，对影响热泵循环系统的性能系数 *COP* 值的主要因素进行分析研究。

蒸发温度、过热度、压缩机效率与热泵循环的性能系数均呈正比关系，冷凝器出口温度与热泵循环的性能系数呈反比趋势，随着压缩机排气压力的不断升高，热泵循环的性能系数呈先增大而后减小的趋势，即最优排气压力对应着最大的循环 *COP* 值；在相同循环工质的对比条件下，膨胀机循环性能最优，带回热器循环性能次之，节流阀循环性能最差；在相同循环方式的对比条件下，工质 CO_2 循环性能均最优，R134a 其次，R1234yf 最差，但是 R134a 和 R1234yf 这两种工质的循环性能系数相差不大。

参 考 文 献

[1] 沈维道，童钧耕. 工程热力学 [M]. 北京：高等教育出版社，2007.

［2］赵军，戴传山. 地源热泵技术与建筑节能应用［M］. 北京：中国建筑工业出版社，2007.

［3］朱明善，刘颖，林兆庄，等. 工程热力学［M］. 北京：清华大学出版社，2004.

［4］杨俊兰，马一太，李敏霞，等. CO_2 跨临界两级压缩及膨胀机循环的性能分析［J］. 天津大学学报，2005，38（11）：996~1000.

［5］Hongli Wang, Ning Jia, Qilong Tang, et al. Performance analysis of refrigerants R1234yf two stage compression cycle with a throttle valve and an expander［J］. Advanced Materials Research, 2013（753~755）：2774~2777.

［6］王洪利，田景瑞，刘慧琴，等. CO_2 跨临界热泵循环与朗肯循环耦合系统性能分析［J］. 热能动力工程，2012，27（6）：660~663.

［7］Junlan Yang, Yitai Ma, Shengchun Liu. Performance investigation of transcritical carbon dioxide-two-stage compression cycle with expander［J］. Energy, 2007（32）：237~245.

［8］Hongli Wang, Yitai Ma, Jingrui Tian. Theoretical analysis and experimental research on transcritical CO_2 two stage compression cycle with two gas coolers（TSCC + TG）and the cycle with intercooler（TSCC + IC）［J］. Energy Conversion and Management, 2011（52）：2819~2828.

［9］王洪利，马一太，姜云涛. CO_2 跨临界单级压缩带回热器与不带回热器循环理论分析与实验研究［J］. 天津大学学报，2009，42（2）：137~143.

［10］马一太，杨俊兰，刘圣春，等. CO_2 跨临界循环与传统制冷循环的热力学分析［J］. 太阳能学报，2005，26（6）：836~841.

［11］潘利生，王怀信. 带经济器的两级压缩式热泵系统中高温工况循环性能理论研究［J］. 太阳能学报，2012，33（11）：1908~1913.

［12］Hongli Wang, Qilong Tang, Ning Jia, et al. Performance analysis of refrigerants R134a and R1234yf two stage compression cycle with two condensers［J］. Advanced Materials Research, 2013（753~755）：2778~2781.

［13］Cavallini A, Corradi M, Fornasieri E, et al. Experimental investigation on the effect of the internal heat exchanger and intercooler effectiveness on the energy performance of a two-stage transcritical carbon dioxide cycle［C］//Proceedings of the 22nd International Congress of Refrigeration. Beijing, 2007：1~8.

［14］Neeraj Agrawal, Souvik Bhattacharyya, Sarkar J. Optimization of two-stage transcritical carbon dioxide heat pump cycles［J］. International Journal of Thermal Sciences, 2007（46）：180~187.

［15］刘慧琴. 高效 CO_2 热泵热水器性能研究［D］. 唐山：华北理工大学，2013.

［16］王洪利. CO_2 跨临界双级循环理论分析与试验研究［D］. 天津：天津大学，2008.

［17］Hongli Wang, Huiqin Liu, Qilong Tang, et al. Performance analysis of single stage compression cycle with an internal heat exchanger［J］. Advanced Materials Research, 2013（602）：1068~1071.

［18］Joaquín Navarro-Esbrí, Francisco Molés, Ángel Barragán-Cervera. Experimental analysis of the internal heat exchanger influence on a vapour compression system performance working with R1234yf as a drop-in replacement for R134a［J］. Applied Thermal Engineering, 2013（59）：

153~161.

[19] Sho Fukuda, Chieko Kondou, Nobuo Takata, et al. Low GWP refrigerants R1234ze（E）and R1234ze（Z）for high temperature heat pumps [J]. International Journal of Refrigeration, 2014（40）：161~173.

[20] Junlan Yang, Yitai Ma, Minxia Li, et al. Exergy analysis of transcritical carbon dioxide refrigeration cycle with an expander [J]. Energy, 2005, 30：1162~1175.

[21] Masafumi Katsuta, Shunta Yagi, Ryo Hang, et al. Evaporating heat transfer characteristics of R744 [C] //The 3rd Asian Conference on Refrigeration and Air－conditioning, Gyeongju, 2006：239~243.

[22] Hongli Wang, Jingrui Tian, Huiqin Liu. Performance analysis of transcritical CO_2 compression cycle [J]. Communications in Computer and Information Science, 2012（308）：730~736.

[23] Gustavo Pottker, Pega Hrnjak. Experimental investigation of the effect of condenser subcooling in R134a and R1234yf air-conditioning systems with and without internal heat exchanger [J]. International Journal of Refrigeration, 2015（50）：104~113.

[24] Ebrahim Al-Hajri, Amir H. Shooshtari, Serguei Dessiatoun, et al. Performance characterization of R134a and R245fa in a high aspect ratio microchannel condenser [J]. International Journal of Refrigeration, 2013, 36（2）：588~600.

[25] Sami I Attia. The influence of condenser cooling water temperature on the thermal efficiency of a nuclear power plant [J]. Annals of Nuclear Energy, 2015（80）：371~378.

[26] 王洪利, 田景瑞, 马一太. CO_2跨临界双级压缩带回热器与不带回热器循环理论分析 [J]. 热能动力工程, 2011, 26（2）：176~180.

[27] Hongli Wang, Jia Ning, Jingrui Tian. Performance analysis of two stage compression cycle with an internal heat exchanger [J]. Applied Mechanics and Materials, 2014（540）：110~113.

[28] Giovanni A Longo, Simone Mancin, Giulia Righetti, et al. HFC32, a low GWP substitute for HFC410A in medium size chillers and heat pumps [J]. International Journal of Refrigeration, 2015（53）：62~68.

[29] Giovanni A Longo, Claudio Zilio, Giulia Righetti, et al. Experimental assessment of the low GWP refrigerant HFO－1234ze（Z）for high temperature heat pumps [J]. Experimental Thermal and Fluid Science, 2014（57）：293~300.

[30] Ian H Bell, Vincent Lemort. Optimization of a vapor compression heat pump for satellite cooling [J]. International Journal of Refrigeration, 2015（58）：69~78.

[31] 马一太, 田华, 刘春涛, 等. 制冷与热泵产品的能效标准研究和循环热力学完善度的分析 [M]. 北京：科学出版社, 2012.

[32] Šarevski V N, Šarevski M N. Energy efficiency of the thermocompression refrigerating and heat pump systems [J]. International Journal of Refrigeration, 2012, 35（4）：1067~1079.

[33] Davide Del Col, Marco Azzolin, Giacomo Benassi, et al. Energy efficiency in a ground source heat pump with variable speed drives [J]. Energy and Buildings, 2015, 91（3）：105~114.

[34] Bin Hu, Yaoyu Li, Feng Cao, et al. Extremum seeking control of COP optimization for air-

source transcritical CO_2 heat pump water heater system ［J］. Applied Energy, 2015 （147）: 361~372.

［35］ Liao S M, Zhao T S, Jakobsen A. A correlation of optimal heat rejection pressures in transcritical carbon dioxide cycles ［J］. Applied Thermal Engineering, 2000, 20 （9）: 831~841.

［36］ Ian H Bell, Vincent Lemort. Optimization of a vapor compression heat pump for satellite cooling ［J］. International Journal of Refrigeration, 2015 （58）: 69~78.

［37］ Van de Bor D M, Infante Ferreira C A Anton A Kiss. Low grade waste heat recovery using heat pumps and power cycles ［J］. Energy, 2015 （89）: 864~873.

［38］ 田华, 马一太, 王洪利. CO_2跨临界双级压缩带中间冷却器系统 ［J］. 天津大学学报, 2010, 43 （8）: 685~689.

［39］ Nattaporn Chaiyat, Tanongkiat Kiatsiriroat. Simulation and experimental study of solar - absorption heat transformer integrating with two-stage high temperature vapor compression heat pump ［J］. Case Studies in Thermal Engineering, 2014 （4）: 166~174.

［40］ Hongli Wang, Yitai Ma, Minxia Li, et al. Performance comparison of transcritical CO_2 single compression and two stage compression cycle with intercooler ［C］ //5th IIR Gustav Lorentzen Conference. Copenhagen, Denmark, 2008, CDS 26-W4-02.

［41］ Agrawal N, Bhattacharyya S. Studies on a two-stage transcritical carbon dioxide heat pump cycle with flash intercooling ［J］. Applied Thermal Engineering , 2007, 27 （3）: 299~305.

［42］ Cavallini A, Cecchinato L, Corradi M, et al. Two-stage transcritical carbon dioxide cycle optimisation. A theoretical and experimental analysis ［J］. International Journal of Refrigeration, 2005, 28 （8）: 1274~1283.

［43］ Cho Honghyun, Kim Yongchan, Seo kook jeong. Study on the performance improvement of a transcritical carbon dioxide cycle using expander and two stage compression ［C］ //The 2nd Asian Conference on Refrigeration and Air-Conditioning. Beijing, China, 2004: 213~222.

［44］ Li Zhao, Minxia Li, Yitai Ma, et al. Simulation analysis of a two-rolling piston expander replacing a throttling valve in a refrigeration and heat pump system ［J］. Applied Thermal Engineering, 2014, 66 （1）: 383~394.

3 太阳能理论计算

太阳辐射是太阳能压缩式热泵能量的主要来源，但太阳能区域分布以及光照时间等各地分布不均匀，这对太阳能压缩式热泵系统设计及性能分析带来不便。因此，有必要对太阳能的基本理论进行研究。本章主要从太阳赤纬角、太阳高度角、太阳方位角、光照时间和太阳能辐射量等方面进行阐述，为相关太阳能热泵设计提供理论依据。

3.1 太阳能量的传输

厚度30km的大气层包围着地球，小于地球直径的四百分之一，对太阳辐射的影响很大。太阳能穿过大气层时，辐射能将受到大气中的 O_3、CO_2 及灰尘等物质的影响，到达地面的太阳能辐射衰减程度很明显。数据表明，三分之一的太阳能辐射反射回宇宙，五分之一被吸收，剩余不到二分之一的太阳能到达海洋和陆地，成为地球上能量的主要来源，如图 3-1 所示。

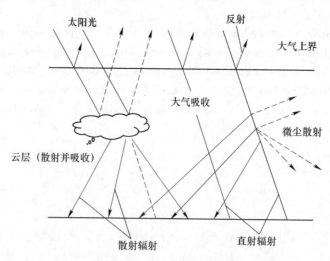

图 3-1 大气对太阳辐射的影响

地球表面上的太阳辐射包括直射辐射和散射辐射。直射辐射为不改变方向的太阳辐射，散射辐射为被反射和散射后改变方向之后的太阳辐射。直射辐射为地球大气层上界的太阳辐射。当直射辐射穿过大气层时，由于受到水蒸气、大气空气分子和灰尘颗粒的散射，使到达地球表面的显著减小。同时，太阳辐射中一定波长的辐射被大气中的臭氧、氧气、二氧化碳、水蒸气所吸收（其中主要是臭氧对紫外区辐射的吸收，水蒸气对红外区辐射的吸收）。因此，地面所能吸收的散射辐射与直射辐射的和，必定小于大气层上界的太阳辐射。

3.2 太阳能相关参数

3.2.1 赤纬角

地心与太阳中心的连线（即午时太阳光线）与地球赤道平面的夹角是一个以一年为周期变化的量，它的变化范围为±23°27′，这个角就是太阳赤纬角[1]。赤纬角是地球绕日运行造成的现象，它使处于黄道平面不同位置上的地球接受到太阳照射方向也不同，从而形成地球四季的变化。图 3-2 给出了太阳赤纬角示意图[2]。

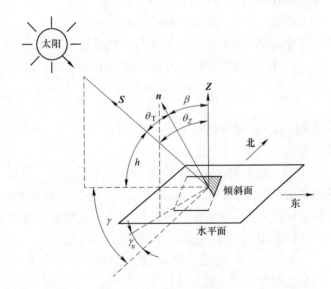

图 3-2 太阳赤纬角示意图

Z—天顶；**n**—倾斜面法线；**S**—指向太阳向量；β—倾斜面与水平面夹角；θ_Z—天顶角；

h—太阳高度角；γ—太阳方位角；θ_T—向量 **S** 与倾斜面法线 **n** 的夹角；

γ_n—法线 **n** 在地面上的投影与南北方向线的夹角

由库珀（Cooper）方程[3]：

$$\delta = 23.45°\sin\left(360° \times \frac{284 + n}{365}\right) \tag{3-1}$$

式中 δ ——赤纬角；

n ——每年中从元旦算起的日期序号，如春分，n 取 81，则 δ 为 0。

自春分算起的第 d 天的太阳赤纬角：

$$\delta = 23.45°\sin\left(\frac{2\pi d}{365}\right) \tag{3-2}$$

3.2.2 真太阳时

太阳时是指以太阳日为标准来计算的时间，可分为真太阳时和平太阳时[4]。日常生活中手表所表示的是平太阳时，平太阳时是以假定地球绕太阳运行轨迹是圆形的，每天都是 24h，其实地球绕太阳运行是椭圆的，每天不是 24h，如果考虑到这个因素才得到真太阳时。真太阳时与平太阳时（即日常使用的标准时间）转换公式为：

$$太阳时 = 标准时间 + E \pm 4 \ (L_{st} - L_{loc}) \tag{3-3}$$

式中　L_{st} ——制定标准时间采用的标准经度，（°）；

L_{loc} ——当地经度，（°），唐山为东经 118°。

所在地点在东半球取负号，西半球取正号，唐山在东半球取负号。

$$E = 9.87\sin 2B - 7.53\cos B - 1.5\sin B \tag{3-4}$$

$$B = \frac{360(n - 81)}{364} \tag{3-5}$$

式中　n ——所求日期在一年中的日子数。

所以以唐山为例，式（3-3）改为：

$$真太阳时 = 北京时 + E - 4 \ (L_{st} - L_{loc}) \tag{3-6}$$

用角度表示的太阳时叫太阳角，以 ω 表示。它是以一整天 24h 为周期的变化量，太阳午时 $\omega = 0°$，上昼取负值，下昼取正值。每周期变化为 ±180°，每小时等效于 15°，如上昼 10 点，$\omega = -30°$；下昼 3 点，$\omega = 45°$。

$$\omega = （北京时 - 12） \times 15° \tag{3-7}$$

日出时角，日落时角可用下式计算：

$$\omega_0 = \pm\arccos(-\tan\varphi\tan\delta) \tag{3-8}$$

式中　ω_0 ——真太阳时角，（°）；

φ ——当地经度，（°），唐山为东经 118°。

通过式（3-8）可分别计算出日出时和日落的时间，它们的差值就是当地可能的日照的时间，也可用下面公式求得：

$$N_0 = \frac{2}{15}\arccos(-\tan\varphi\tan\delta) \tag{3-9}$$

式中　N_0 ——可能日照时间，h。

3.2.3 太阳角

用角度表示的太阳时叫太阳角[5~7]，以 ω 表示。它的变化周期为一昼夜，太阳午时 $\omega=0°$，上午取负值，下午取正值。每昼夜变化量±180°，每小时变化量为15°，如上午10点，$\omega=-30°$；下午3点，$\omega=45°$。地球绕着地轴由西向东在自转，转一周为一昼夜。对地球上的人来讲，太阳每天从东方升起，由西方落下；时间可以用角度来表示，每小时相当于地球自转15°。

图3-2中，从地面某一观测点指向太阳的向量 S 与天顶 Z 的夹角定义为天顶角，用 θ_Z 表示；向量 S 与地面的夹角定义为太阳高度角，用 h 表示；S 在地面上的投影线与南北方向线之间的夹角为太阳方位角，用 γ 表示，规定正南方向为0°，向西为正值，向东为负值，变化范围为±180°。太阳时角用 τ 表示。正午时 τ 为零，每隔一小时增加15°。

（1）太阳高度角。太阳高度一天中时刻在变化，太阳高度角计算公式为：

$$\sin h = \sin\phi\sin\delta + \cos\phi\cos\delta\cos\tau \tag{3-10}$$

式中　ϕ——观测点地理纬度，(°)；

　　　δ——当日观测时刻的太阳赤纬角，(°)；

　　　τ——观测时刻太阳时角，(°)。

（2）太阳方位角。由图3-2的关系知，太阳方位角计算公式为：

$$\cos\gamma = \frac{\sin h\sin\phi - \sin\delta}{\cos h\cos\phi} \tag{3-11}$$

也可用下式表示：

$$\sin\gamma = \frac{\cos\delta\sin\tau}{\cos h} \tag{3-12}$$

（3）日照时间。太阳在地平线出没瞬间，太阳高度角为零，若不考虑地表面曲率和大气折射影响，由式（3-13），可得日出日没时角表达式：

$$\cos\tau_\theta = -\tan\phi\tan\delta \tag{3-13}$$

一天中日照时间 T 由式（3-14）计算：

$$T = \frac{2}{15°}\arccos(-\tan\phi\tan\delta)h \tag{3-14}$$

3.2.4 太阳常数

在大气层外，垂直于辐射传播方向上单位面积单位小时内测得的太阳能辐射强度为太阳常数[8]，以 G_{sc} 表示。实际上，太阳能辐射强度随着地日距离的改变，在±3%范围内变化。可由下式计算：

$$G_{on} = G_{sc}\left(1 + 0.033\cos\frac{360°}{365}\right) \tag{3-15}$$

式中　G_{on}——第 n 天在法向平面上的大气层外的辐照度。

3.2.5　太阳入射角

太阳能集热器[9]所截取的太阳直射辐射能量，主要取决于太阳入射角 θ。而 $\theta = f(\delta, \phi, \beta, \gamma, \omega)$，它是太阳赤纬角 δ、地理纬度 ϕ、集热器倾斜角 β、方位角 γ 和太阳时角 ω 的函数。公式表示为[10]：

$$
\begin{aligned}
\cos\theta = & \sin\delta\sin\phi\cos\beta - \sin\delta\cos\phi\sin\beta\cos\gamma + \\
& \cos\delta\cos\phi\cos\beta\cos\omega + \cos\delta\sin\phi\sin\beta\cos\omega\cos\gamma + \\
& \cos\delta\sin\beta\sin\gamma\sin\omega
\end{aligned}
\tag{3-16}
$$

用此公式可以计算任何地理位置、任何季节、任何时候、太阳能集热器处于任何几何位置上的太阳入射角。

3.3　太阳能辐照量计算

3.3.1　大气层外太阳辐照量

太阳辐射通过大气层，部分被大气层反射、散射、吸收，最终通过大气层抵达地球表面单位时间单位面积的这部分辐射能量为太阳辐照度[11]。所有地区、任意一天内的任意时间，大气层外水平面上的太阳辐照度可由下式计算：

$$
G_0 = G_{sc} G_{on} \cos\theta_Z
\tag{3-17}
$$

式中　G_{sc}——太阳常数。

一天内辐照量 H_0 可通过下式计算

$$
\begin{aligned}
H_0 = & \frac{24 \times 3600 G_{sc}}{\pi} \left[1 + 0.033\cos\left(\frac{360°n}{365}\right) \right] \times \\
& \left(\cos\varphi\cos\delta\sin\omega_s + \frac{2\pi\omega_s}{360°}\sin\varphi\sin\delta \right)
\end{aligned}
\tag{3-18}
$$

式中　H_0——一天内太阳辐照量，J/m^2；

ω_s——日落时角，(°)，可由式 $\omega = \arccos(-\tan\delta\tan\varphi)$ 得出。

如果要计算大气层外水平面上，每小时内太阳的辐照量 I_0，可由下式求得：

$$
\begin{aligned}
I_0 = & \frac{12 \times 3600 G_{sc}}{\pi} \left[1 + 0.033\cos\left(\frac{360°n}{365}\right) \right] \times \\
& \left[\cos\varphi\cos\delta(\sin\omega_2 - \sin\omega_1) + \frac{2\pi(\omega_2 - \omega_1)}{360°}\sin\varphi\sin\delta \right]
\end{aligned}
\tag{3-19}
$$

式中，ω_1 为对应 1h 的起始时角；ω_2 为终了时角；$\omega_2 > \omega_1$。

3.3.2　月平均日太阳辐照量

月平均日的太阳辐照量[12]计算式如下：

$$\overline{H} = \overline{H}_0\left(a + b\,\frac{\overline{n}}{\overline{N}}\right) \tag{3-20}$$

式中　$\overline{H}$——月平均日水平面上的辐照量，MJ/m^2；

　　　$\overline{H}_0$——大气层外月平均日水平面上的辐照量，MJ/m^2；

　　　$\overline{n}$——月平均日的日照时数，h；

　　　$\overline{N}$——月平均日的最大日照时数，h；

　　a，b——常数，根据各地气候和植物生长类型来确定，分别取 36 和 23。

3.3.3　水平面上辐照量

晴天时水平面上的辐照度可由下式求得：

$$G_{c,n,b} = G_{o,n}\tau_b \tag{3-21}$$

式中　τ_b——直射辐射的大气透明度；

　　　$G_{o,n}$——垂直于辐射方向上的太阳辐照度；

　　$G_{c,n,b}$——垂直于辐射方向上的直射辐照度。

水平面上的直射辐照度为：

$$G_{c,b} = G_{o,n}\tau_b\cos\theta_Z \tag{3-22}$$

1h 内，水平面上直射辐照量为：

$$I_{c,b} = I_{o,n}\tau_b\cos\theta_Z = 3600G_{c,b} \tag{3-23}$$

相对应的散射辐射部分公式为：

$$I_{c,d} = I_{o,n}\tau_b\cos\theta_Z = 3600G_{c,d} \tag{3-24}$$

1h 内，水平面上的总辐照量为：

$$I_c = I_{c,b} + I_{c,d} \tag{3-25}$$

根据唐山市经纬度（东经 118°，北纬 39°）和上面相关公式计算唐山供暖月（1 月、2 月、11 月、12 月）典型日逐时太阳能辐照度，如图 3-3～图 3-6 所示。

可以看出太阳能辐射强度随着时间的变化先增后减，一般在中午 12：00 左右，太阳能辐射强度值达到最大，12：00 之后太阳能辐射强度逐渐降低，到下午 16：00 左右的时候，太阳能辐射强度达到最低，约 $250W/m^2$。此时太阳能辐射可利用价值降低，考虑到北方雾霾比较严重，实际值比计算值低。

3.3.4　集热器辐照度

上小节已经给出了小时内的水平面上总辐照量 I_c、直射辐射 $I_{c,d}$ 和散射辐射 $I_{c,b}$，借助倾斜面上接收到直射辐照量的修正因子 R_b（R_b 物理意义详见 3.3.5

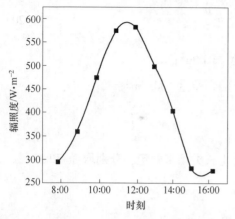

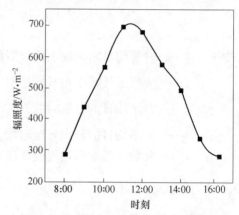

图 3-3　唐山市 1 月典型日逐时太阳能辐照度　　图 3-4　唐山市 2 月典型日逐时太阳能辐照度

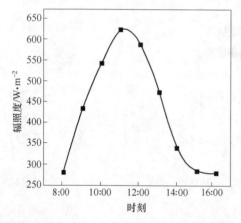

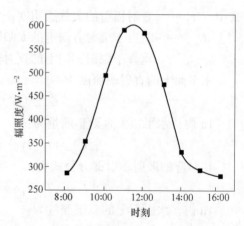

图 3-5　唐山市 11 月典型日逐时太阳能辐照度　　图 3-6　唐山市 12 月典型日逐时太阳能辐照度

　　节），可以得出集热器上的辐照度计算公式：

$$I_T = I_{c,b}R_b + I_{c,d}R_d + I_c\rho R_\rho \tag{3-26}$$

式中　ρ——地面反射率，普通地面取 0.2。

3.3.5　修正因子

　　无论是月平均日辐照量还是小时内辐照量，它们都是指水平面上接收到的太阳辐射。实际中集热器并不是水平放置的，有一个倾斜角（β）。定义倾斜面和水平面上接收到的直射辐照量的比值称为修正因子[13]，用 R_b 表示。图 3-7 给出了集热器倾斜面上直射辐射示意图。

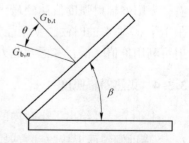

图 3-7　倾斜面上直射辐射

修正因子 R_b 可由下式计算：

$$R_b = \frac{\cos\theta}{\cos\theta_Z} \tag{3-27}$$

式中 θ_Z——太阳水平面上的入射角，（°）。

若集热器方位角 r 为 0°（北半球朝南放置），则有：

$$R_b = \frac{\cos(\varphi - \beta)\cos\delta\cos\omega + \sin(\varphi - \beta)\sin\delta}{\cos\varphi\cos\delta\cos\omega + \sin\varphi\sin\delta} \tag{3-28}$$

因为平板集热器不仅能吸收直射辐射，也能吸收散射辐射。同样的散射辐射也有其修正因子 R_d 和 R_ρ。同样定义集热器倾斜角为 β，假定散射辐射是各向同性的，集热器对天空的可见因子 $R_d = (1 + \cos\beta)/2$，集热器对地面的可见因子 $R_\rho = (1 - \cos\beta)/2$。

3.4　计算结果

唐山的纬度 φ 为 40°，海拔高度 A 为 400m。夏季取唐山典型日为计算对象，方位角 γ 为 0°，集热器倾角 β 为 16°。冬季取典型日方位角 γ 为 0°，集热器倾角 β 为 63.5°。

由式（3-1）可计算得太阳赤纬角 δ，由式（3-6）~式（3-8）求得太阳时角 ω，式（3-16）可求得太阳入射角，由式（3-25）可算得太阳辐照量 I_c，式（3-26）可算得辐照度 I_T。取一天中 8：00~16：00 进行计算，计算结果如图 3-8 和图 3-9 所示。

图 3-8 是唐山冬季典型日集热器太阳辐照度随时间的变化。由图可知，集热器上辐照度从 8：00 开始逐渐增大，到 12：00 达到峰值然后又逐渐减小。图 3-9 是唐山夏季典型日集热器上太阳辐照度随时间的变化。由图可知集热器辐照度从 8：00 开始增大，到 12：00 达到最大值，之后减小。

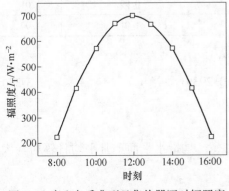

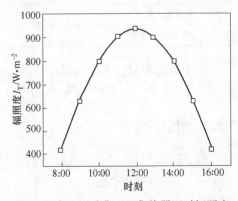

图 3-8　唐山冬季典型日集热器逐时辐照度　　图 3-9　唐山夏季典型日集热器逐时辐照度

3.5　大气透明度和修正因子

3.5.1　大气透明度

太阳辐射的数目和分布由于受到大气层影响，中外科学家在这方面做了许多研究，大气透明度[14]模型被进行合理简化，这样使得抵达地球表面的太阳辐射量可以直接计算。

直射辐射的大气透明度为：

$$\tau_b = a_0 + a_1 e^{-k/\cos\theta_Z} \tag{3-29}$$

式中，a_0，a_1 和 k 是在大气能见度达到 23km 时标准晴空物理常数。当海拔高度小于 2.5km 时，可先求出对应的 a_0^*，a_1^* 和 k^*，然后通过思考气候类型的修正系数 $r_0 = \dfrac{a_0}{a_0^*}$，$r_1 = \dfrac{a_1}{a_1^*}$，$r_k = \dfrac{k}{k^*}$，最后求得 a_0，a_1 和 k。a_0^*，a_1^* 和 k^* 的计算公式分别如下：

$$a_0^* = 0.4237 - 0.00821 \,(6 - A)^2 \tag{3-30}$$

$$a_1^* = 0.5055 - 0.00595 \,(6.5 - A)^2 \tag{3-31}$$

$$k^* = 0.2711 + 0.01858 \,(2.5 - A)^2 \tag{3-32}$$

式中，A 为海拔高度，km。

不同气候类型的修正系数见表 3-1。

表 3-1　修正系数

气候类型	r_0	r_1	r_k
亚热带	0.95	0.98	1.02
中等纬度，夏天	0.97	0.99	1.02
高纬度，夏天	0.99	0.99	1.01
中等纬度，冬天	1.03	1.01	1.00

对于散射辐射，大气透明度计算公式为：

$$\tau_d = 0.271 - 0.2939\tau_b \tag{3-33}$$

3.5.2　晴空指数

晴空指数[15]是评价天气好坏的指标之一，是指水平面上月平均日辐射与大气层外月平均日辐射之比。

$$\overline{K}_T = \overline{H} / \overline{H}_0 \tag{3-34}$$

$\overline{K}_\mathrm{T} = \overline{H}/\overline{H}_0$ 与 $\dfrac{\overline{H}_\mathrm{d}}{\overline{H}}$ 相关，如下式：

$$\frac{\overline{H}_\mathrm{d}}{\overline{H}} = 0.775 + 0.00653(\omega_\mathrm{s} - 90) - \left[0.505 + 0.00455(\omega_\mathrm{s} - 90)\right]\cos(115\,\overline{K}_\mathrm{T} - 103)$$

$$(3\text{-}35)$$

3.6 小结

本章研究了太阳能辐射相关理论，通过计算得到了供暖月（1月、2月、11月、12月）期间典型日的逐时太阳能辐射强度。从计算结果可以看出，太阳能辐射强度是随着时间的变化先增后减，一般在中午12：00左右，太阳能辐射强度值达到最大，12：00之后太阳能辐射强度逐渐降低，到下午16：00左右的时候，太阳能辐射强度达到最低值，约250W/m²，此时太阳能辐射可利用的价值降低，再考虑到北方雾霾比较严重，实际值应该比计算值低。

参 考 文 献

[1] 吴镇一，窦建清. 全玻璃真空太阳能集热管热水器及热水系统 [M]. 北京：清华大学出版社，2008.

[2] 何道清，何涛，丁宏林. 太阳能光伏发电系统原理与应用技术 [M]. 北京：化学工业出版社，2012.

[3] Cooper P I. The absorption of radiation in solar stills [J]. Solar Energy, 1969, 12 (3)：333～346.

[4] 金晓斌. 住宅楼太阳能综合利用的研究 [D]. 南京：南京理工大学，2008.

[5] Miguel de Simón-Martín, Cristina Alonso-Tristán, David González-Peña, et al. New device for the simultaneous measurement of diffuse solar irradiance on several azimuth and tilting angles [J]. Solar Energy, 2015 (119)：370～382.

[6] Sebastijan Seme, Gorazd Štumberger. A novel prediction algorithm for solar angles using solar radiation and Differential Evolution for dual-axis sun tracking purposes [J]. Solar Energy, 2011, 85 (11)：2757～2770.

[7] Nikolić N, Lukić N. Theoretical and experimental investigation of the thermal performance of a double exposure flat-plate solar collector [J]. Solar Energy, 2015 (119)：100～113.

[8] 苏拾. 气象用太阳辐射计量仪表检定系统研究 [D]. 长春：长春理工大学，2012：14～15.

[9] Tahereh B. Gorji, Ranjbar A A. Geometry optimization of a nanofluid-based direct absorption solar collector using response surface methodology [J]. Solar Energy, 2015 (122)：314～325.

[10] 袁阳. 光伏并网发电系统关键技术研究 [D]. 郑州：中原工学院，2013：42～45.

[11] 张鹤飞. 太阳能热利用原理与计算机模拟 [M]. 西安: 西北工业大学出版社, 2004: 9~44.

[12] Salgado-Tránsito I, Jiménez-González A E, Ramón-García M L, et al. Design of a novel CPC collector for the photodegradation of carbaryl pesticides as a function of the solar concentration ratio [J]. Solar Energy, 2015 (115): 537~551.

[13] 程艳斌, 何官兴, 唐润生. 倾斜面上直射辐射计算方法的探讨 [J]. 云南师范大学学报, 2009, 29 (2): 49~53.

[14] 方先金. 中国大气透明度系数的研究 [J]. 南京气象学院学报, 1985 (3): 293~304.

[15] 李峥嵘, 姚万祥, 赵群, 等. 水平面日太阳散射辐射模型对比研究 [J]. 太阳能学报, 2013, 34 (5): 794~799.

4　太阳能集热器和储热水箱

太阳能压缩式热泵系统主要由太阳能部分和热泵机组部分组成。太阳能系统主要包括集热器、储热水箱、给水泵和仪表管路等。集热器的功能是接收太阳辐射并加热冷凝水，储热水箱是储热设备，同时也是热泵部分安全运行的保障。因此，集热器和储热水箱设计选型十分关键。

4.1　建筑采暖热负荷

4.1.1　设计依据

本小节以唐山地区某公司面积为 8000m² 的多功能厂房办公室为依据，实现全天供暖。

唐山市气候属暖温带大陆性季风气候，夏季主导风向为东北风，冬季主导风向为西北风，最大风速为 20m/s，全年最冷月在一月份，极端最低气温为 -25.2℃，最热月是七月份，极端最高气温 39.6℃。

主要气象参数：

多年平均气温，11.1℃；

极端最高气温，39.6℃；

极端最低气温，-25.2℃；

多年平均降雨量，640.2mm；

冬季室外计算相对湿度，53%；

多年最大冻土深度，73cm；

年日照时数，2518h；

冬季室外平均风速，1.8m/s；

采暖期室外平均温度，-1.5℃；

室外冬季采暖计算温度，-8.1℃。

常用的维护结构冬季热工指标符号说明：

d_1，墙厚；

κ_1，传热系数，墙体综合传热系数为 1.6，窗户综合传热系数为 3.49。

本建筑维护结构构造[1]：

外墙=撞墙+泡沫混凝土+木丝板+白灰粉刷，厚 240mm；

内墙=空心砖+两层白灰抹面；

双层塑钢窗，标准玻璃，双层实木大木门。

4.1.2 热负荷计算

按照规范标准要求[2]，唐山市新建建筑设计采取节能措施的办公建筑的综合热指标确定为 50W/m²。

采暖期最大热负荷[3~5]：根据采暖热指标计算的热负荷为最大设计热负荷，其热指标中已经包含了热网输送过程的损失，最大热负荷按下式计算：

$$Q_{\max} = q \times A \times 10^{-3} \tag{4-1}$$

式中　$Q_{\max}$——采暖期最大设计热负荷，kW；

　　　q——采暖热指标，综合热指标 50 W/m²；

　　　A——采暖建筑物的建筑面积，m²。

计算得系统总热负荷为400kW。

4.2 计算选型

4.2.1 集热器面积计算

集热器面积按照国标《太阳能供热采暖工程技术规范》（GB50495—2009）提供的方法确定。

在直膨式太阳能集热系统[6~8]中，集热器面积计算方法如下：

$$A_{c} = \frac{86400 Q_{H} f}{J_{T} \eta_{cd}(1 - \eta_{L})} \tag{4-2}$$

式中　A_{c}——直膨式系统集热面积，m²；

　　　Q_{H}——建筑热负荷，W；

　　　J_{T}——平均太阳辐照量，J/（m²·d）；

　　　η_{cd}——集热器的平均集热效率，%；

　　　η_{L}——管路和蓄热装置的热损失系数，%；

　　　f——太阳能保证率，%。

间接式太阳能集热系统[9~11]集热器面积计算方法如下：

$$A_{IN} = A_{c}\left(1 + \frac{U_{L}A_{c}}{U_{hx}A_{hx}}\right) \tag{4-3}$$

式中　A_{IN}——间接式系统集热面积，m²；

　　　A_{c}——直膨式系统集热面积，m²；

　　　U_{L}——集热器的总热损系数，W/（m²·K）；

U_{hx}——换热器的传热系数，$W/(m^2 \cdot K)$；

A_{hx}——间接式系统换热器的换热面积，m^2。

本小节太阳能集热系统采用直膨式系统，即没有换热器，冷水与热水在蓄热水箱[12~14]内直接混合。建筑热负荷主要依据指标为冬季室外平均温度，具体值在前面已经计算得出为400kW。唐山属于太阳能分布三类地区，选取太阳能保证率为30%，根据规范，取冬季月平均日辐照量为 $J_T = 10.53MJ/(m^2 \cdot d)$，管路热损失忽略不计，$\eta_L = 0$，集热器的平均效率为 $\eta_{cd} = 0.55$。参考文献[15]在太阳能并联式系统中，太阳负荷强度比较低的地区，太阳能对热负荷贡献率为40%，热泵对热负荷贡献率为60%。

计算太阳能串联式热泵系统集热器面积为：

$$A_c = \frac{86400 Q_H f}{J_T \eta_{cd}(1 - \eta_L)} = \frac{86400 \times 400 \times 0.3}{10.53 \times 1000 \times 0.55} = 1790 m^2 \qquad (4-4)$$

计算太阳能并联式热泵系统集热器面积为：

$$A_c = \frac{86400 Q_H f}{J_T \eta_{cd}(1 - \eta_L)} = \frac{86400 \times 160 \times 0.3}{10.53 \times 1000 \times 0.55} = 716 m^2 \qquad (4-5)$$

4.2.2 蓄热水箱设计

太阳能集热系统吸收到的能量为 Q_u，负荷为 L，当供大于需时（$Q_u > L$），储存系统将剩余的能量储存起来，便于在需大于供给（$L > Q_u$）时使用。

中低温（低于150℃）太阳能系统大多应用于加热或者制冷，高温（500℃）多用于热机，两者在集热器的选取上有一定差别，低温太阳能系统大多使用平板式集热器，高温太阳能系统大多使用槽式集热器系统，获得的太阳能热水温度要高于前两种集热器。储热方式主要有三种类型：第一种采用没有相变的显热储存；第二种是利用相变（潜热）的储存热量；第三种是利用化学反应方式进行的热量储存。

但是，不论用哪种方式，为进行高效的热量储存，需要考虑单位体积或者单位质量的热容量、工作方式和温度范围、温度差；进出热量的动力需求；储热水箱的体积、结构和内部温度的变化分布情况；减小储热系统热损失的方法。

利用太阳能系统供热，太阳能集热器的可利用能将随着吸热板温度的增加而减少，集热器吸热板的平均温度与所供热量和温度之间有以下关系：

$$T_{集热器} - T_{提供} = \Delta T_{从集热器输送到储热箱} + \Delta T_{进储热箱} + \Delta T_{储热箱热损} +$$
$$\Delta T_{出储热器} + \Delta T_{从储热箱输送到使用} + \Delta T_{进入使用} \qquad (4-6)$$

式（4-6）右边代表太阳能系统各项损失（即温降），因此在选择储热水箱时，应该使这些温降降低到最低程度。

　　本次选用的储热方式为显热储存（选用热容量大的储热介质来进行的，可选用的合适介质有液体和固体两种）中的水储热系统，水的价格低廉、容易获取，并且水的物理、化学热力性质容易掌握，使用起来比较方便。水可以作为太阳能集热器的吸热流体，也可作为传递负荷的热介质。

　　水的比热容比大部分物质大，且本身处于液态，通过集热器和储热装置时消耗功比较少，除了以上说明的水的特点，水还有以下优点：传热性能和流动性能比较好，其物性参数很适合自然循环及强制循环的要求；可以相对准确地测量其流动和传热性能；由于其汽化温度上限很高，很适合用于平板集热器吸热工质。储存水的容器要保证外表面辐射、对流、热传导损失最小，且要求在体积一定的前提下容器的表面积最小，因此，大多把储水容器做成球形和圆柱形。

　　查阅国标《太阳能供热采暖工程技术规范》（GB50495—2009），太阳能供暖对应每平方米集热器面积的储热水箱体积按照表4-1选取。无论是太阳能串联式系统还是太阳能并联式系统，都属于短期蓄热太阳能供热采暖系统，参照表4-1，每平方米集热器面积对应水箱体积为 50~150L，现选择 100L/m²。太阳能串联式系统水箱体积为 $V_1 = 1790m^2 \times 100L/m^2 = 179m^3$；太阳能并联式系统水箱体积为 $V_2 = 716\ m^2 \times 100L/m^2 = 71.6\ m^3$。

表4-1　各类系统储热水箱的容积选择范围　　　　　　　　　　（L/m²）

系统类型	小型太阳能供热水系统	短期蓄热太阳能供热采暖系统	季节蓄热太阳能供热采暖系统
储热水箱容积范围	40~100	50~150	1400~2100

4.2.3　集热系统流量确定

　　根据国标《太阳能供热采暖工程技术规范》（GB50495—2009），太阳能集热系统的流量按照下式计算：

$$G_s = gA \tag{4-7}$$

式中　G_s——太阳能集热系统的设计流量，m^3/h；

　　　　g——太阳能集热器的单位面积流量，$m^3/(h \cdot m^2)$；

　　　　A——太阳能集热器的采光面积，m^2。

　　其中，g 按照表4-2选取。由于集热器面积远大于100m²，因此按照大型集中太阳能供暖系统来选取，最终确定 $g = 0.05m^3/(h \cdot m^2)$。

　　太阳能串联式系统流量：

$$G_s = gA = 0.05 \times 1790 = 89.5 m^3/h = \frac{89.5 \times 1000}{3600} = 24.9 kg/s$$

　　太阳能并联式系统流量：

$$G_s = gA = 0.05 \times 716 = 35.8 \ \text{m}^3/\text{h} = \frac{35.8 \times 1000}{3600} = 9.9 \text{kg/s}$$

表 4-2　太阳能集热器的单位面积流量　　　　$(\text{m}^3/(\text{h} \cdot \text{m}^2))$

系统类型		单位面积流量
小型太阳能供热水	真空管型集热器	0.035~0.072
	平板型太阳能集热器	0.072
大型集中太阳能供暖		0.021~0.06
小型独户太阳能供暖		0.024~0.036
间接式太阳能集热供暖		0.009~0.012

4.3　小结

本章计算了太阳能压缩式热泵系统的一些基本参数，包括系统建筑热负荷、串联式与并联式太阳能压缩式热泵系统的集热器面积、储热水箱的体积、集热系统的流量，为后面的理论分析提供基础。

参 考 文 献

[1] 陆亚俊，马最良，邹平华. 暖通空调 [M]. 北京：中国建筑工业出版社，2007.

[2] 中华人民共和国住房和城乡建设部. GB50495—2009，太阳能供热采暖工程技术规范 [S]. 北京：中国标准出版社，2009.

[3] David Lindelöf, Hossein Afshari, Mohammad Alisafaee, et al. Field tests of an adaptive, model-predictive heating controller for residential buildings [J]. Energy and Buildings, 2015 (99)：292~302.

[4] Fouda A, Melikyan Z, Mohamed M A, Elattar H F. A modified method of calculating the heating load for residential buildings [J]. Energy and Buildings, 2014 (75)：170~175.

[5] Milorad Bojic, Marko Miletić, Jovan Maleševic, et al. Influence of additional storey construction to space heating of a residential building [J]. Energy and Buildings, 2012 (54)：511~518.

[6] 旷玉辉，王如竹，许烃雄. 直膨式太阳能热泵供热水系统的性能研究 [J]. 工程热物理学报，2004，25 (5)：737~740.

[7] Jorge Facão, Maria João Carvalho. New test methodologies to analyse direct expansion solar assisted heat pumps for domestic hot water [J]. Solar Energy, 2014 (100)：66~75.

[8] Moreno-Rodriguez A, Garcia-Hernando N, González-Gil A, et al. Experimental validation of a theoretical model for a direct-expansion solar-assisted heat pump applied to heating [J]. Energy, 2013 (60)：242~253.

[9] Xiaolin Sun, Jingyi Wu, Yanjun Dai, et al. Experimental study on roll – bond collector/ evaporator with optimized – channel used in direct expansion solar assisted heat pump water heating system [J]. Applied Thermal Engineering, 2014, 66 (1): 571~579.

[10] Rich H Inman, Hugo T C Pedro, Carlos F M Coimbra. Solar forecasting methods for renewable energy integration [J]. Progress in Energy and Combustion Science, 2013, 39 (6): 535~576.

[11] Ahmed A A Attia. Thermal analysis for system uses solar energy as a pressure source for reverse osmosis (RO) water desalination [J]. Solar Energy, 2012, 86 (9): 2486~2493.

[12] Osorio J D, Rivera-Alvarez A, Swain M, et al. Exergy analysis of discharging multi-tank thermal energy storage systems with constant heat extraction [J]. Applied Energy, 2015 (154): 333~343.

[13] Mevlut Arslan, Atila Abir Igci. Thermal performance of a vertical solar hot water storage tank with a mantle heat exchanger depending on the discharging operation parameters [J]. Solar Energy, 2015 (116): 184~204.

[14] Recep Yumrutaş, Mazhar Ünsal. Energy analysis and modeling of a solar assisted house heating system with a heat pump and an underground energy storage tank [J]. Solar Energy, 2012, 86 (3): 983~993.

[15] Panaras G, Mathioulakis E, Belessiotis V. Investigation of the performance of a combined solar thermal heat pump hot water system [J]. Solar Energy, 2013 (93): 169~182.

5　太阳能压缩式热泵数值模型

5.1　模拟基础

太阳能压缩式热泵系统主要由太阳能集热器、蓄热水箱、仪表管路和压缩式热泵组成[1]。太阳能集热器材质、类型和加工工艺等对集热器的效率影响很大；蓄热水箱的材质和内部结构等对冷热水热量交换十分重要；冷凝器（CO_2热泵中为气体冷却器）的材质和布置结构等对热泵输出热量十分关键；压缩机类型及结构对压缩机耗功影响很大[2]。因而，有必要对上述设备进行性能研究。

研究设备性能的方法主要有数值模拟和试验测试两种。在试验测试比较困难或测试环境比较恶劣时，试验结果不仅难以开展，而且试验结果精确性也不能保证。数值模拟不仅成本低廉，而且计算精度高。蓄热水箱是太阳能热泵中热量储存的重要设备，冷水和热水在封闭的水箱内部进行热量交换，内部温度场不易直接观测，因而采用数值模拟方法，模拟结果用于指导实际水箱的设计加工。压缩式热泵系统中，冷凝器和压缩机均属于高压设备，有时测量元件不易安装。如 CO_2 专用压缩机[3~5]，由于运行压力高，内部运动部件在高压下易于损坏断裂，通过数值模拟，分析运动部件断裂因素，更好的指导整机的设计加工。

活塞压缩机是最早开发的压缩机，它应用范围较广，能适应较广阔的压力范围和制冷量要求；对材料要求较低，加工较容易，造价也较低廉；技术上较为成熟，生产使用上积累了丰富的经验。虽然转子式、涡旋式和螺杆式压缩机在很大程度上已经取代了部分活塞压缩机的应用领域。但在一些有特殊要求或工况变化较大的场合，活塞压缩机还是有用武之地，特别在 CO_2 跨临界循环用中等容量的压缩机，最成功并已经商品化的是活塞压缩机[6]。

与普通工质压缩机相比，CO_2压缩机具有以下特点：

（1）工作压力高、压比小和压差大[7]。因此，对压缩机材料的强度和刚度要求比较严格。

（2）运动部件间隙控制严格。CO_2跨临界循环运行压力高，要求压缩机间隙要比常规压缩机间隙小，可以有效减少泄漏，但摩擦损失会变大。另外，高压条件下，压缩机部件可能产生周期变形或永久变形，使配合间隙很难达到初始设计值。合理优化间隙尺寸数值，协调摩擦损失和泄漏损失的矛盾，显得十分重要。

（3）润滑问题需要很好解决。较高的排气温度、高压力、大压差工作条件下油路的设计需认真考虑，以保证润滑油的正常润滑功能。

（4）运动部件的磨损和可靠性。与普通活塞压缩机相比，曲轴、连杆大头与常规同功率（冷量）的压缩机基本一样，因 CO_2 单位容积制冷量高，活塞的直径和长度（与行程减小有关）都要减少，致使活塞的尺寸远小于普通的活塞。连杆小头、活塞销尺寸受到限制，各部分的应力非常集中，磨损也较严重。

基于质量守恒和能量守恒定律，结合设备运行特点，本章分别对活塞压缩机曲柄连杆机构，涡旋压缩机涡盘，冷凝器（包括气体冷却器）、回热器和蓄热水箱进行了数值模拟，模拟结果可用于指导产品设计和系统优化。

5.2 ANSYS 一般分析步骤

有限单元法[8]是将物体离散成有限个且按一定方式相互连接在一起的单元组合，来模拟或逼近原来的物体，从而将一个连续的无限自由度问题简化为离散的有限自由度问题求解的一种数值分析法。物体被离散后，通过对其中各个单元进行单元分析，最终得到对整个物体的分析。

从总体上讲，ANSYS 有限元分析包含前处理、求解和后处理 3 个过程。其中，前处理即建立模型，是有限元分析的基础步骤，包括建立实体模型、定义单元属性、划分有限元网格及修正模型等四方面。在 CO_2 活塞压缩机曲柄连杆机构和涡旋压缩机动涡盘模拟中，单元类型选用三维实体 solid−Brick 8node 45 类型，如图 5−1 所示。

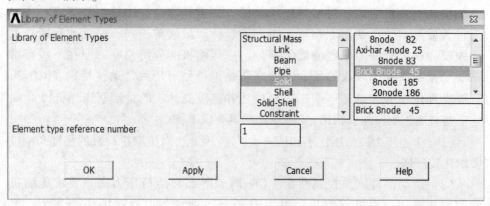

图 5-1   ANSYS 有限元单元类型选择

　　网格划分越细，节点越多，计算结果就越精确。在对连杆和动涡盘进行网格划分时，连杆划分首先采用自由划分，由于连杆受力复杂，且小头容易损坏，因此对小头采用网格加密处理；动涡盘采用规格四边形网格划分。网格划分及网格细化过程如图 5-2 所示。

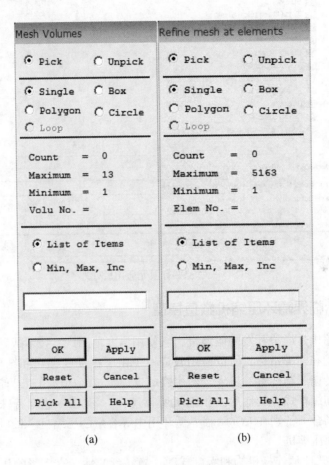

图 5-2　ANSYS 有限元网格划分

（a）网格划分；（b）网格修正

　　求解过程就是对划分网格的实体模型施加所求载荷条件，主要包括自由度、面载荷、体载荷和惯性载荷。在连杆受力载荷中，主要是自由度即位移、面载荷和惯性载荷。在动涡盘载荷中主要是自由度、面载荷。

　　后处理过程就是对求解结果进行位移、应力、应变的查看，如图 5-3 所示。在连杆和动涡盘后处理中主要是对连杆和动涡盘在载荷作用下的位移、应力及应变结果进行分析。

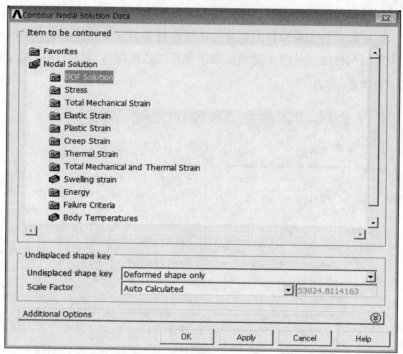

图 5-3 ANSYS 有限元通用后处理

5.3 CO_2 跨临界循环压缩机数值模型

活塞压缩机是最早开发的压缩机，它使用温度范围广，技术成熟可靠，有良好的使用性能和能量指标，所以应用较广。但由于振动的存在和结构的复杂性，限制了它的转速及制冷量的扩大，使用领域也逐步被结构简单、性能优越的转子式、涡旋式和螺杆式等其他形式压缩机所替代[9]。但在一些有特殊要求或工况变化较大的场合，特别在 CO_2 跨临界循环用中等容量的压缩机，最成功并已经商品化的是活塞压缩机。

CO_2 活塞式曲柄连杆机构和涡旋式动、静涡盘的性能直接影响压缩机的正常工作和使用寿命，因而对其分析至关重要[10~12]。由于运动部件之间的间隙小、运行压力高，普通压力的设备难以使用且测试点难安装，因而实验测试具有较大难度。利用 ANSYS 有限元软件可以方便地得到曲柄连杆机构和动涡盘的实体模型，进而可以对其进行网格划分，并分析其受力情况。

5.3.1 CO_2 活塞压缩机连杆模型的建立

5.3.1.1 连杆运动特性分析

压缩机的全部功率通过曲轴输入，通过连杆的传动，将原动机的旋转运动变为活塞在汽缸内的往复运动，在吸排气阀的配合下，完成对制冷剂的吸入、压缩和排出，因此曲柄连杆机构受力复杂，要求有足够的强度、刚度和耐磨性，故曲柄连杆机构是压缩机设计的重点，同时，由于CO_2制冷剂运行压力高、压差大，容易造成连杆受力过大，使其发生疲劳甚至断裂。因此曲柄连杆机构设计质量的好坏直接关系到整台机器的运行，对连杆机构进行受力分析，以期为相关的研究提供理论依据。将活塞连杆机构简化为曲柄滑块机构，其运动如图 5-4 所示，则活塞与连杆铰接点 B 的位移、速度和加速度规律反映了活塞的运动特性[13,14]。

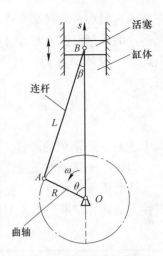

图 5-4　活塞压缩机连杆机构运动示意图

A　运动分析

设曲轴 OA 长为 R，转速为 ω，连杆 AB 长为 L，当曲轴转角为 θ 时，根据曲柄连杆机构运动规律可推得 B 点的位移变化规律为：

$$s = R\cos\theta + L\sqrt{1 - \left(\frac{R}{L}\sin\theta\right)} \tag{5-1}$$

式中　R——曲轴半径，mm；

L——连杆长度，mm；

θ——曲轴转角，(°)。

活塞的运动速度为：

$$v = \frac{\mathrm{d}s}{\mathrm{d}t} = -\omega R\left(\sin\theta + \frac{R}{2L\sqrt{1 - (R\sin\theta/L)}}\right) \approx -\omega R\left(\sin\theta + \frac{R}{2L}\sin2\theta\right) \tag{5-2}$$

式中　ω——角速度，$\omega = \frac{2\pi n}{60}$。

活塞的运动加速度为：

$$a = \frac{\mathrm{d}v}{\mathrm{d}t} \approx -R\omega^2\left(\cos\theta + \frac{R}{L}\cos2\theta\right) \tag{5-3}$$

由以上分析知，活塞的运动特性是连杆长度、曲轴半径、曲轴转角和转速的函数。

B　连杆力计算

在对 CO_2 活塞式制冷压缩机进行设计时，必须对其曲柄连杆机构的运动和受力进行分析和计算。在压缩机正常工作时，作用于曲柄连杆机构上的力有 4 种：惯性力、气体力、摩擦力、机体自重。其中机体本身的重力，其作用力相对另外三种而言很小，可忽略不计。故曲柄连杆机构在工作过程中需要承受通过活塞往复运动的质量惯性力和自身摆动所产生的惯性力、活塞传递的气体力以及活塞往复运动产生的摩擦力，其中，这 3 种沿气缸轴线方向上的分力共同组成了连杆力。

（1）往复惯性力。

$$I = (m_p + m_r) a \tag{5-4}$$

式中 m_p——活塞的质量，g；

m_r——连杆的质量，g。

活塞质量为 67.9g，连杆质量为 122.4g，根据方程式（5-4），可以得到往复惯性力的计算结果，见表 5-1[15]。

表 5-1   惯性力计算结果

参　　数	取　　值	惯性力 I/N
活塞质量 m_p/g	67.9	
连杆质量 m_r/g	122.4	$-11249.3\pi^2(\cos\theta + \cos2\theta/16)$
活塞运动加速度 $a/m \cdot s^{-2}$	$-57.6\pi^2(\cos\theta + \cos2\theta/16)$	

（2）气体力。

$$F_g = p_i \times A \tag{5-5}$$

式中 p_i——活塞运动过程中的气体压差，MPa；

A——活塞面积，m^2。

根据方程式（5-5），得到活塞的气体力，见表 5-2。对于中型压缩机，膨胀系数 m 取 1.4。

表 5-2   连杆气体力计算结果

参数	过程	各过程压差公式	受力大小/N
气体力	膨胀过程	$p_i = p_d[S_0/(S_0 + x_i)]^m$	$0.02[1.9/(1.9 + \cos\theta + 8\sqrt{1 - \sin\theta})]^{1.4}$
	进气过程	$p_i = p_s$	0.008
	压缩过程	$p_i = p_s[(S + S_0)/(S_0 + x_i)]^m$	$0.008[3.9/(1.9 + \cos\theta + 8\sqrt{1 - \sin\theta})]^{1.4}$
	排气过程	$p_i = p_d$	0.02

（3）往复摩擦力，一般取总摩擦力的 70%。

$$F_f = \frac{0.7 \times 60N_i\left(\frac{1}{\eta_m} - 1\right)}{2Sn} \tag{5-6}$$

式中 S——活塞行程，mm；

N_i——电动机指示功率，kW；

η_m——机械效率，取 0.92。

在 $0 \sim 180°$ 范围内，摩擦力使活塞受到拉力，规定为正；在 $180° \sim 360°$ 范围内，摩擦力使活塞受到压力，规定为负。根据方程式（5-6），得到摩擦力的计算结果，见表 5-3。

表 5-3 摩擦力计算结果

参 数	取 值	摩擦力 F_f/N
活塞行程 S/mm	50	
电机指示功率 N_i/kW	4	±0.10
机械效率 η_m	0.92	

（4）综合活塞力。

$$F = I + F_g + F_f \tag{5-7}$$

（5）连杆所受力。由图 5-4 可知，连杆受力 F_d 为综合活塞力沿连杆向的分量，可得：

$$F_d = F \times \cos\beta \tag{5-8}$$

式中 β——连杆与活塞的夹角。

由方程式（5-7）及表 5-1～表 5-3，可得到综合活塞力 F；由方程式（5-8），可得到最终连杆的受力 F_d。计算结果列于表 5-4 中。

表 5-4 综合活塞力、连杆力计算结果

参数	过程	取 值
综合活塞力 F/N，连杆力 F_d/N	膨胀过程	$F = -11249.3\pi^2(\cos\theta + \cos2\theta/16) + 0.02[1.9/(1.9 + \cos\theta + 8\sqrt{1 - \sin\theta})]^{1.4} + 0.1$
		$F_d = \{-11249.3\pi^2(\cos\theta + \cos2\theta/16) + 0.02[1.9/(1.9 + \cos\theta + 8\sqrt{1 - \sin\theta})]^{1.4} + 0.1\}\cos\beta$
	进气过程	$F = -11249.3\pi^2(\cos\theta + \cos2\theta/16) + 0.108$
		$F_d = [-11249.3\pi^2(\cos\theta + \cos2\theta/16) + 0.108]\cos\beta$
	压缩过程	$F = -11249.3\pi^2(\cos\theta + \cos2\theta/16) + 0.008[3.9/(1.9 + \cos\theta + 8\sqrt{1 - \sin\theta})]^{1.4} + 0.10$
		$F_d = \{-11249.3\pi^2(\cos\theta + \cos2\theta/16) + 0.008[3.9/(1.9 + \cos\theta + 8\sqrt{1 - \sin\theta})]^{1.4} + 0.10\}\cos\beta$
	排气过程	$F = -11249.3\pi^2(\cos\theta + \cos2\theta/16) + 0.12$
		$F_d = [-11249.3\pi^2(\cos\theta + \cos2\theta/16) + 0.12]\cos\beta$

5.3.1.2　连杆受力分析流程

根据活塞运动特性和曲柄连杆机构受力计算结果，选择合适的设计方案，得到曲柄连杆机构数学模拟结果，设计流程如图 5-5 所示。根据连杆模型分析受力情况，优化模拟结果。

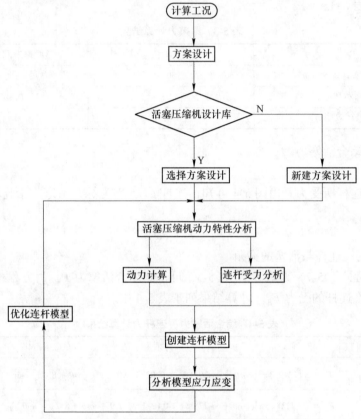

图 5-5　活塞连杆机构优化设计流程图

5.3.1.3　连杆模型

CO_2 活塞压缩机曲柄连杆机构如图 5-6 所示。连杆由小头衬套、连杆体、大头轴瓦、连杆螺栓、大头盖、螺母及开口销等组成，作用是将活塞与曲轴连接起来，将曲轴的旋转运动变为活塞的往复运动。连杆大头是直剖式结构，由连接螺栓连接大头盖。活塞为平顶，加工起来较为简单。活塞销用来连接活塞和连杆小头，为中空的圆柱体，连杆通过活塞销带动活塞做往复运动。

CO_2 活塞压缩机的设计参数见表 5-5，对应的工况参数为压缩机入口压差 4MPa，出口压差为 10MPa。

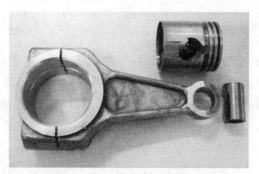

图 5-6　CO$_2$活塞压缩机曲柄连杆机构

表 5-5　CO$_2$活塞压缩机的设计参数

参　数	取　值	参　数	取　值
活塞行程 S/mm	50	相对余隙容积 α	0.095
电机转速 n/r·min^{-1}	1440	电机功率 N_i/kW	4
汽缸直径 D/mm	56	余隙容积折合行程 S_0/mm	47.5
压缩机吸气压力/MPa	4	压缩机排气压力/MPa	10

根据表 5-5 的设计参数，结合 CO$_2$ 活塞压缩机工况和选取的单级活塞压缩机的受力分析，得到活塞压缩机的结构设计参数，见表 5-6。

表 5-6　CO$_2$活塞压缩机曲柄连杆结构设计参数　　　　　　（mm）

参　数	取　值	参　数	取　值
连杆大头直径 d_1	65	连杆长度 l	200
连杆大头壁厚 t_1	9	连接螺栓规格	80×8
连杆小头直径 d_2	18	活塞内径 r_h	54
活塞壁厚 t_h	3	连杆小头壁厚 t_2	6

根据表 5-6 的结构参数，利用 Pro/Engineer 画图软件生成活塞压缩机连杆组、活塞及活塞销的模型图，以及导入 ANSYS 后的模型结果图，如图 5-7 所示。

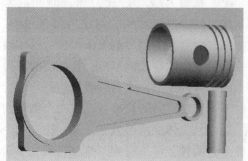

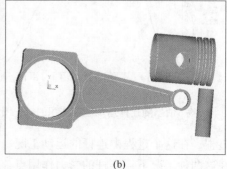

(a)　　　　　　　　　　　　　　　(b)

图 5-7　活塞连杆模型图

（a）Pro/Engineer 模拟图；（b）ANYSY 导入图

5.3.1.4　连杆网格划分

为了分析连杆的受力情况，首先对曲柄连杆结构进行简化，然后采用 ANSYS 有限元分析软件进行受力分析。由于连杆小头连接活塞，受周期作用的气体力、往复作用的惯性力作用，连杆小头通过活塞销带动活塞做往复运动，因此受力复杂且受力比较集中。CO_2 专用压缩机压差大，活塞连杆机构承受的力比氟利昂制冷剂大，容易造成连杆小头的磨损甚至破坏。因而，曲柄连杆机构的连杆小头的受力分析至关重要。鉴于此，图 5-8（a）所示为连杆网格自由划分图，图 5-8（b）所示为连杆小头和轴瓦网格加密图。

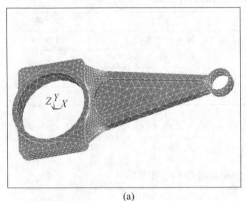
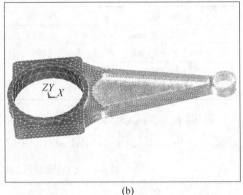

（a）　　　　　　　　　　　　　　　　（b）

图 5-8　连杆网格划分图

（a）连杆网格自由划分图；（b）连杆小头及轴瓦网格加密图

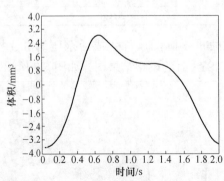

图 5-9　活塞随连杆运动压缩体积的变化图

随着时间延续及活塞运动，CO_2 制冷剂在气缸中不断被压缩。图 5-9 所示为 CO_2 制冷剂被周期性压缩体积变化情况。初始为吸气过程，随着时间的延续，制冷剂被压缩，终了为排气过程，气缸内储存的制冷剂气体很少，气体残余量受余隙容积的影响，且此时的压力低于外界压力，为后续吸气阀打开进行下一个吸气过程做准备。在一个循环周期内，气体完成吸气、压缩、排气三个过程，在这个过程中连杆的运动工况一般分为两种：压缩过程、排气过程。由于在这两种工况下，连杆的受力作用点、运动情况不一样，因此，在分析连杆的受力及运动时，应分别对这两种情况进行受力分析。

5.3.2　CO₂涡旋压缩机动涡盘模型的建立

CO₂涡旋压缩机具有高效稳定的特点，由于吸气、压缩、排气过程是同时连续进行的，压力上升速度较慢，故振动小，可靠性高。但是涡旋体型线加工精度非常高，密封要求高[16]。动、静涡盘的间隙过小则摩擦损失大，间隙过大则泄漏损失增大，在CO₂高压制冷剂作用下，动、静涡盘的变形量为微米级，不容易测量。因此，通过模拟软件分析在高压压差作用下的应力变化情况，对CO₂涡旋压缩机的后续优化设计提供一定的理论基础。

5.3.2.1　CO₂涡旋压缩机动力分析

CO₂涡旋压缩机涡线呈渐开线形状，安装时两者中心线距离一个回转半径，相位差180°，两涡盘啮合时，与端板配合形成一系列月牙形工作容积[17]。立式全封闭涡旋压缩机简图及工作部件，如图5-10所示。支架和静涡盘之间是动涡盘，在压缩机工作过程中，在气体力作用下动涡盘沿轴间与静涡盘脱离，使涡盘顶部的气

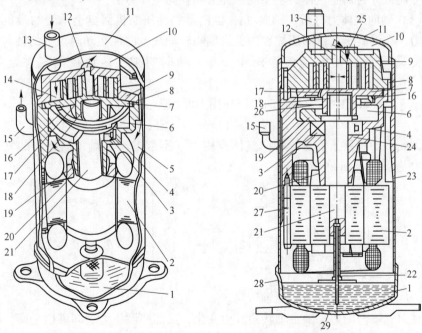

图 5-10　立式全封闭涡旋压缩机简图及工作部件

1—储油槽；2—电动机定子；3—主轴承；4—支架；5—壳体腔；6—背压腔；7—动涡盘；8—气道；
9—静涡盘；10—高压缓冲腔；11—封头；12—排气孔口；13—吸气管；14—吸气腔；15—排气管；
16—十字环；17—背压孔；18, 20—轴承；19—大平衡块；21—主轴；22—吸油管；23—壳体；
24—轴向挡圈；25—止回阀；26—偏心调节块；27—电动机螺钉；28—底座；29—磁环

体泄漏通道面积增大，从而降低热效率和容积效率[18]。CO_2制冷剂由涡旋体的外边缘吸入到月牙形工作容积中，随着动涡盘的旋转，工作容积逐渐向中心移动，容积逐渐缩小，气体被压缩，由静涡盘上的排气孔排出到气体冷却器。

以圆的渐开线展开得到的动涡盘进行受力分析，与其他类型的渐开线型线相比，圆的渐开线涡旋压缩机具有更加紧凑的结构和良好的工作性能。

动、静涡盘是CO_2涡旋压缩机得主要运动部件，对其进行动力分析是对压缩机进行强度设计、可靠性分析和平衡设计的基础。对压缩机进行动力分析时，作以下假设[19]：

（1）压缩腔内的气体为理想气体，恒定比热容，在工作腔内均匀分布；

（2）不考虑传热对吸气、压缩、排气过程的影响；

（3）整个工作过程的气体流动均为稳定流动，且略去气体功的影响；

（4）忽略气体泄漏；

（5）涡旋齿上的受力呈悬臂梁，在均布载荷作用下的受力状态。

在压缩机工作过程中，随着主轴转角的变化，气体力也不断变化，按不同的作用方向可分为轴向气体力、切向气体力和径向气体力。

（1）轴向气体力分析。轴向气体力F_a是涡旋压缩机涡盘上承受的最重要的气体力，在涡旋压缩机的压缩腔内，沿偏心轴轴线方向加在动涡盘上的轴向气体力，使动涡盘沿轴向脱离静涡盘，增大轴向间隙，导致径向气体泄漏量增加[20~23]。

第i个压缩腔中承受的轴向气体作用力面积为：

$$A_i = p^2[(2i-1)\pi - \theta] \quad (i \geqslant 2) \tag{5-9}$$

因此，动涡盘上承受的轴向气体作用力（不考虑动涡盘背面施加的气体作用力）为：

$$F_a = \begin{cases} \pi p_s p^2 \left[\dfrac{A_1}{\pi p^2}\rho_1 + \displaystyle\sum_{i=2}^{N}\left(2i-1-\dfrac{\theta}{\pi}\right)\rho_i \right] & (0 \leqslant \theta \leqslant \theta^n) \\[4mm] \pi p_s p^2 \left[\dfrac{A_1}{\pi p^2}\rho_1 + \displaystyle\sum_{i=3}^{N}\left(2i-1-\dfrac{\theta}{\pi}\right)\rho_i \right] & (\theta^n \leqslant \theta \leqslant 2\pi) \end{cases} \tag{5-10}$$

式中　θ——主轴转角；

　　　θ^n——开始排气时的主轴转角。

轴向气体作用力，随主轴转角发生变化，虽然幅度不大，却难以平衡；轴向气体力往往带来轴向机构摩擦功耗。

（2）切向气体力分析。沿偏心轴切线方向施加在动涡盘上的气体作用力，称为切向气体力，用F_t表示[24]。第i个压缩腔中，动涡盘上承受的切向气体力为：

$$F_{ti} = a(4i\pi - 2\theta)h(p_i - p_{i+1}) \tag{5-11}$$

式中　h ——涡旋体高度，mm。

有 N 个压缩腔时，动涡盘上受到的切向气体力为：

$$F_t = \sum_{i=1}^{N} F_{ti} = p_s ph \sum_{i=1}^{N} \left(2i - \frac{\theta}{\pi}\right)(\rho_i - \rho_{i+1}) \qquad (5\text{-}12)$$

式中　p ——涡旋体截距，mm；

　　　ρ_i ——压差比；

　　　p_s ——吸气压差，Pa。

进行绝热压缩时（也可以假定为多变压缩过程）：

$$\rho_i = \frac{p_i}{p_s} = \left(\frac{V_s}{V_i}\right)^{\pi} = \left(\frac{2N - 1 - \theta_s/\pi}{2i - 1 - \theta/\pi}\right)^k \qquad (5\text{-}13)$$

不设气阀时，在设计工况下，$\rho_1 = p_d/p_s$，由于 p_{N+1} 表示吸气过程的气体压差，故 $\rho_{N+1} = 1$[25]。

（3）径向气体力分析。径向气体作用力是指沿动静涡盘基圆中心连线方向施加在动涡盘上的气体力，用符号 F_r 表示。

在第 i 个压缩腔中动涡盘受到的径向气体力为：

$$F_{ri} = 2ah(p_i - p_{i+1}) \qquad (5\text{-}14)$$

当圆的渐开线组合成 N 个压缩腔时，作用在动涡盘上的径向气体作用力为：

$$F_r = \sum_{i=1}^{N} F_{ri} = \sum_{i=1}^{N} 2ah(p_i - p_{i+1}) = 2ahp_s(\rho_1 - 1) \qquad (5\text{-}15)$$

在设计工况下，因 $p_1 = p_d$，故有 $\rho_1 = p_d/p_s$。

径向气体力 F_r 驱使动涡盘中心向静涡盘中心靠近，使径向间隙扩大，通过径向间隙的切向气体泄漏量增加[26]。

5.3.2.2　动涡盘模型

本小节涡旋压缩机的设计工况参照国标《全封闭涡旋式制冷压缩机》（GB/T 18429—2001）中规定的高温型压缩机名义工况[27]，因此 CO_2 涡旋压缩机的设计参数见表5-7。

表5-7　CO_2 涡旋压缩机的设计参数

参　数	取　值	参　数	取　值
蒸发温度/℃	7.2	气体冷却器出口温度/℃	54.4
节流阀入口温度/℃	46.1	压缩机入口温度/℃	18.3
电机转速/r·min^{-1}	2880	吸气容积/cm^3	5.5
压缩机入口压力/MPa	4	压缩机出口压力/MPa	10

图5-11是 CO_2 压缩制冷循环的 $T\text{-}s$ 图和 $\lg p\text{-}h$ 图。

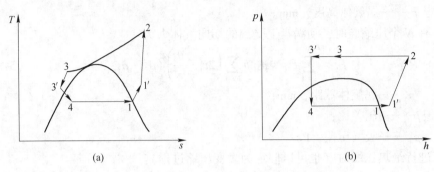

图 5-11 CO_2 蒸气压缩制冷循环图

（a）$T\text{-}s$ 图；（b）$\lg p\text{-}h$ 图

通过查阅物性参数软件，可得图上各点的参数值，见表 5-8。

表 5-8 CO_2 蒸气压缩循环各点的物性参数

状态点	p/MPa	$T/℃$	$v/m^3 \cdot kg^{-1}$	$h/kg \cdot kJ^{-1}$	$s/kJ \cdot (kg \cdot K)^{-1}$
1	4	7.2	0.0081	431.2	1.8287
1′	4	18.3	0.0094	450.4	1.8959
2	10	91.9	0.0048	491.48	1.8959
3	10	54.4	0.0030	405.43	1.6452
3′	10	46.1	0.0015φ	357.07	1.4954
4	4	7.2	—	357.07	—

由压缩机的设计参数公式，结合表 5-8 的数据，可得 CO_2 涡旋压缩机的热力参数，见表 5-9。

表 5-9 CO_2 涡旋压缩机的热力参数

参 数	取 值	参 数	取 值
单位工质制冷量/$kJ \cdot kg^{-1}$	93.33	单位工质理论压缩功/$kJ \cdot kg^{-1}$	41.08
理论循环制冷系数	2.27	压缩机的性能系数	2.04
压缩机理论排气量/$m^3 \cdot h^{-1}$	0.95	压缩机实际排气量/$m^3 \cdot h^{-1}$	0.76
实际制冷量/kW	4.51	理论绝热指示功率/kW	1.98
实际指示功率/kW	2.32	实际输入功率/kW	3.49

以渐开角 φ 为变量，圆的渐开线方程为：

$$\begin{cases} x = r(\cos\varphi + \varphi\sin\varphi) \\ y = r(\sin\varphi - \varphi\cos\varphi) \end{cases} \tag{5-16}$$

由于涡旋体有一定的厚度,若以 α 表示基圆上的渐开线的起始角,则涡旋体的内侧渐开线方程为:

$$\begin{cases} x_i = r[\cos(\varphi_i - \alpha) + \varphi_i\sin(\varphi_i - \alpha)] \\ y_i = r[\sin(\varphi_i - \alpha) - \varphi_i\cos(\varphi_i - \alpha)] \end{cases} \quad (5-17)$$

外侧渐开线方程为:

$$\begin{cases} x_o = r[\cos(\varphi_o - \alpha) + \varphi_o\sin(\varphi_o - \alpha)] \\ y_o = r[\sin(\varphi_o - \alpha) - \varphi_o\cos(\varphi_o - \alpha)] \end{cases} \quad (5-18)$$

在运行过程中,涡旋压缩机的内部、外界存在复杂的质能迁移,在各过程中相互制约、相互影响,构成复杂热力系统。涡旋压缩机压缩过程如图5-12 所示。

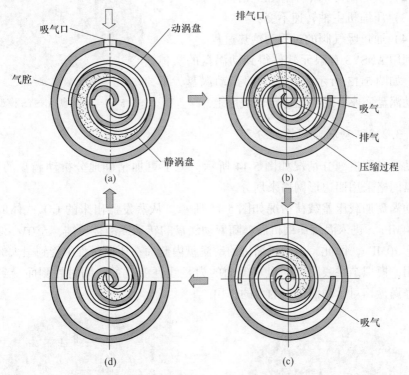

图 5-12 涡旋压缩机压缩过程

由于 CO$_2$ 跨临界循环压缩机的压比小、压差大,在满足设计工作容积的前提下,为减小变形量应尽量减小其高度,同时也可以减小涡盘的直径,使压缩腔轴向间隙的泄漏线长度缩短,提高涡旋压缩机的容积效率。

动涡盘的材质采用特殊合金铸铁,杨氏模量 E_x 为 126GPa,泊松比 μ 为0.3,底板厚度 δ 为 12mm。CO$_2$涡旋压缩机基本结构参数见表 5-10。

表 5-10 CO_2涡旋压缩机结构参数

参　数	取　值	参　数	取　值	参　数	取　值
基圆半径/mm	2.28	涡旋体壁厚/mm	3.00	涡圈节距/mm	12.50
涡圈高度/mm	5.00	回转半径/mm	3.80	连接圆弧半径/mm	2.55
涡圈数	2.25	修正圆弧半径/mm	6.43	压缩腔对数	3
起始角/(°)	41.50	最终展开角/(°)	14.15	修正角/(°)	120

考虑到仿真模型的实时性，在符合物理过程的前提下模型尽可能简化，并做以下假设[28]：

（1）压缩过程没有泄漏；

（2）气态制冷剂中不存在润滑油；

（3）压缩机主轴转速不变；

（4）通过吸气阀的过程为绝热过程。

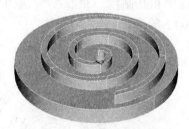

利用 ANSYS 有限元软件得到动涡盘的实体模型，如图 5-13 所示。其中上部是动涡盘，下部是动涡盘底座，动涡盘固定在底座上。

图 5-13   动涡盘 ANSYS 模型图

5.3.2.3　动涡盘网格划分

动涡盘网格划分情况如图 5-14 所示，为了更加精确地分析动涡盘的受力，动涡盘网格采用四边形网格来划分。

动涡盘加载压差载荷情况如图 5-15 所示。从蒸发器出来的 CO_2 气体的压力为 3~4MPa，进入涡旋压缩机后，随着动涡盘的转动逐渐被压缩，至中心处，压力高达 10MPa，因此，涡旋压缩机的动涡盘内侧面在压缩过程中受到很大的气体力作用，模拟结果表明动涡盘里侧面的力是线性变化的；同时外侧面受到由于动、静涡盘相对运动而产生的力的作用。

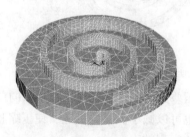

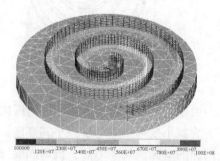

100000   .120E+07 .230E+07 .340E+07 .450E+07 .560E+07 .670E+07 .780E+07 .890E+07 .100E+08

图 5-14   动涡盘网格划分图   图 5-15   动涡盘加载压差载荷受力图

涡旋压缩机是依靠动、静涡盘型线的啮合密封来完成其工作过程的。因此，型线啮合间隙的大小成为影响整机效率的主要因素。在压缩机实际运转过程中，动、静涡盘在内部压力场的作用下发生变形，是影响啮合间隙的主要因素。对于压差载荷，根据涡旋压缩机的工作原理，以及考虑到机器的转速较高，近似认为在型线工作区域内压差载荷沿型线侧面线性分布，即在型线的中心部位为排气压力，在边缘部位为吸气压力，中间按线性连续变化。在静涡旋盘背面的压差载荷为排气压差，动涡旋盘背面为吸气压差。

5.4　CO₂热泵热水器气体冷却器数值模拟

由于 CO_2 工质的物性参数受温度变化的影响较大，为提高模拟的精确度，采用分布参数法[29,30]对热泵系统中的气体冷却器进行模拟。建立了套管式气体冷却器的模型[31,32]，以 CO_2 和冷却水的进口温度、质量流量为对象，研究其对气体冷却器换热量的影响，为热泵系统部件的优化设计提供理论依据。

5.4.1　CO₂工质的物性分析

5.4.1.1　跨临界区域CO₂制冷剂物性研究

CO_2 跨临界循环的主要特点在于：在气体冷却器变温放热过程中的大温度滑移使得在不同压力下 CO_2 的导热系数 k、密度 ρ、动力黏度 μ、比热容 c_p 等物性参数发生剧烈的变化[33]，这必将影响其传热效果。借助相关软件，研究了压力为 6.5MPa、7.5MPa、8.5MPa 时 CO_2 工质的 k、ρ、μ 及 c_p 随温度的变化，如图 5-16~图 5-19 所示。

由图 5-16~图 5-18 可以很明显地看出，CO_2 作为循环工质时其 ρ、μ 和 k 均伴随着温度的逐渐升高而呈现下跌的趋势，同时，CO_2 的压力越大，ρ、μ 和 k 所对应的值也越高。此外，ρ、μ 和 k 在准临界温度的附近区域随温度的逐渐升高而迅速减小，超过临界温度区域后缓慢减小。

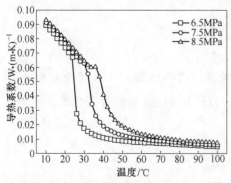
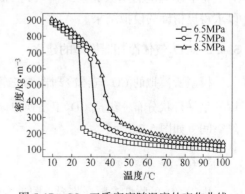

图 5-16　CO₂ 工质导热系数随温度的变化曲线　　图 5-17　CO₂ 工质密度随温度的变化曲线

从图 5-19 中可以看出，随着温度的升高 CO_2 比热容不断地增加，到达准临界温度时达到最大值，而后随着温度的升高又逐渐减小。另外，CO_2 工质的压力不同，所对应的比热容峰值也不同；并且压力越高，峰值所对应的准临界温度值越大。

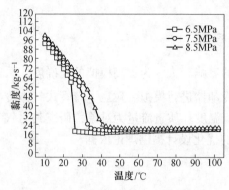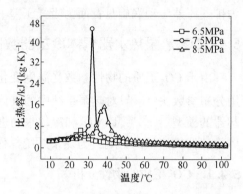

图 5-18　CO_2 工质黏度随温度的变化曲线　　　图 5-19　CO_2 工质比热容随温度的变化曲线

5.4.1.2　CO_2 制冷剂物性参数的拟合

CO_2 热泵系统气体冷却器的进口温度为 80℃，压力为 8.5MPa。CO_2 工质的温度变化范围为 10～100℃，对其密度、动力黏度进行拟合[34]，分别得出相应的函数关系式：

$$\rho = 1898.6039 - 3.6072T + 0.01225T^2 \tag{5-19}$$

式中　ρ——CO_2 的密度，kg/m^3。

$$\mu = 1.96483 \times 10^{-5} - 3.97197 \times 10^{-8}T + 1012022 \times 10^{-10}T^2 \tag{5-20}$$

式中　μ——CO_2 的动力黏度，$N \cdot s/m^2$。

将上述对应的函数关系式输入到 Fluent 软件的 CO_2 流体材料设置对话框中，以求得更精确的模拟结果。

5.4.2　CO_2 气体冷却器模型的建立

模型所模拟的 CO_2 气体冷却器为三管径套管式换热器，三根直径为 8mm 的铜管呈平行状分布，组成 CO_2 工质换热侧；直径为 24mm 的外管壳为冷却水侧换热空间，如图 5-20 所示。

5.4.2.1　数学模型

由于 CO_2 的物性参数在临界点附近变化剧烈，为使气体冷却器的模拟结果更接近实际情况，故对其设备的建模采用稳态分布参数微元模型[35]，如图 5-21 所示。

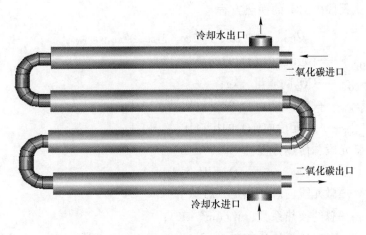

图 5-20 CO₂ 跨临界循环气体冷却器示意图

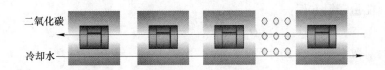

图 5-21 气体冷却器微元参数划分示意图

为了简化计算，模型中作了如下假设：

（1）稳态运行；

（2）CO₂ 工质侧、冷却水侧换热均匀、充分；

（3）沿管子轴向为一维流动，且不存在热传导；

（4）忽略冷却水的压降、热损失的影响；

（5）忽略润滑油对气体冷却器换热性能的影响。

对于每个微元内 CO₂ 工质与冷却水进行的逆流换热，且 CO₂ 的放热量等于冷却水的吸热量，并且上一微元段的出口参数就是下一微元段的进口参数。根据假设得：

（1）微元段内冷却水的换热方程：

$$Q_{H_2O\_i} = m_{H_2O} \times c_{p\_H_2O} \times (T_{H_2O\_i\_out} - T_{H_2O\_i\_in}) \qquad (5-21)$$

式中　$Q_{H_2O\_i}$——微元段内冷却水的换热量，kJ；

i——微元段的序列号；

m_{H_2O}——冷却水的质量，kg；

$c_{p\_H_2O}$——冷却水的定压比热容，kJ/(kg·K)；

$T_{H_2O\_i\_in}$——微元段内冷却水的进口温度，K；

$T_{H_2O\_i\_out}$——微元段内冷却水的出口温度，K。

（2）微元段内 CO_2 的换热方程：

$$Q_{CO_2\_i} = m_{CO_2} \times (h_{CO_2\_i\_in} - h_{CO_2\_i\_out}) \quad (5\text{-}22)$$

式中 $Q_{CO_2\_i}$——微元段内 CO_2 的换热量，kJ；

m_{CO_2}——CO_2 的质量，kg；

$h_{CO_2\_i\_in}$——微元段内 CO_2 的进口比焓，kJ/kg；

$h_{CO_2\_i\_out}$——微元段内 CO_2 的出口比焓，kJ/kg。

（3）微元段总传热方程：

$$Q_i = U_i \times A_i \times \Delta t_i \quad (5\text{-}23)$$

式中 Q_i——微元段内总换热量，kJ，

U_i——总的换热系数，W/($m^2 \cdot$ K)；

A_i——微元段的换热面积，m^2；

Δt_i——对数换热温差，K。

（4）能量守恒方程：

$$Q_i = Q_{H_2O\_i} = Q_{CO_2\_i} \quad (5\text{-}24)$$

（5）对数平均温差 Δt_i：

$$\Delta t_i = \frac{(t_{CO_2\_i\_in} - t_{H_2O\_i\_out}) - (t_{CO_2\_i\_out} - t_{H_2O\_i\_in})}{\ln[(t_{CO_2\_i\_in} - t_{H_2O\_i\_out})/(t_{CO_2\_i\_out} - t_{H_2O\_i\_in})]} \quad (5\text{-}25)$$

式中 $t_{CO_2\_i\_in}$——微元段内 CO_2 的进口温度，K；

$t_{CO_2\_i\_out}$——微元段内 CO_2 的出口温度，K；

$t_{H_2O\_i\_in}$——微元段内冷却水的进口温度，K；

$t_{H_2O\_i\_out}$——微元段内冷却水的出口温度，K。

（6）总传热系数方程

$$U_i = \frac{1}{\dfrac{1}{h_{CO_2}} \times \left(\dfrac{d_0}{d_i}\right) + \dfrac{d_0}{2\lambda} \times \ln\left(\dfrac{d_0}{d_i}\right) + \dfrac{1}{h_{H_2O}}} \quad (5\text{-}26)$$

式中 d_0——CO_2 管的直径，mm；

d_i——冷却水管的直径，mm；

λ——铜管壁的导热系数，W/(m $\cdot$ K)；

h_{CO_2}——CO_2 的换热系数，W/($m^2 \cdot$ K)；

h_{H_2O}——冷却水的换热系数，W/($m^2 \cdot$ K)。

5.4.2.2 模型验证

气体冷却器模型的计算、求解的前提条件是数学模型的建立。首先输入气体

冷却器的结构参数，然后将 CO_2、冷却水的入口参数输入 Fluent 软件中，最后计算出其对应的出口参数等。通过假设和迭代使得假设值与计算值的误差在规定的范围内。图 5-22 给出了气体冷却器稳态分布模型计算框图[36]。

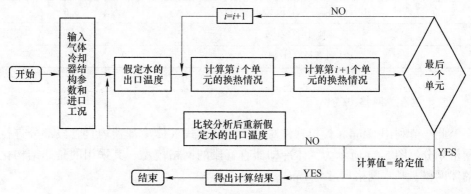

图 5-22　气体冷却器稳态分布模型计算框图

5.4.2.3　物理模型

热泵系统内三管径套管式气体冷却器的结构可简化为直管段和 U 形管段两部分，其中 U 形管段内不涉及 CO_2 与冷却水的热交换，故在此可忽略不计。在此只对直管段内 CO_2 工质和冷却水的换热进行模拟，利用 Gambit 模拟软件对气体冷却器的换热直管段部分建立三维几何模型，其比例尺寸为 1：1，如图 5-23 所示。

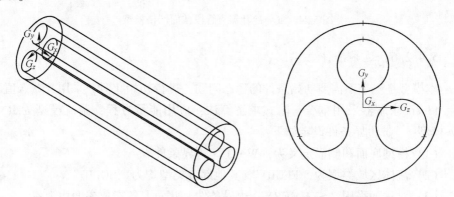

图 5-23　三管径套管式气体冷却器直管段物理模型简图

5.4.2.4　模拟工况

在 CO_2 热泵系统内稳定运行情况下，对气体冷却器直管段内 CO_2 工质和冷却水换热性能进行数值模拟。CO_2 气体冷却器的工况参数见表 5-11。

表 5-11 CO_2 气体冷却器工况参数

参 数	数 值
水侧外管径/mm	24
CO_2 换热管、水管长度/m	3.6
CO_2 工质外管径/mm	8
CO_2 外管径数目/根	3

5.4.2.5   网格划分

此小节利用 Gambit 模拟软件对三管径套管式气体冷却器内直管段部分进行网格划分。图 5-24 所示为气体冷却器直管段的网格模型，其采用的是非结构化的体网格，基本网格尺寸为 1mm。

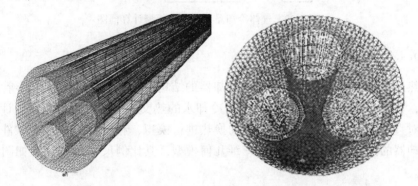

图 5-24   气体冷却器直管段截面网格模型

5.4.2.6   边界条件

本模型是一个不需要初始条件的稳态问题，进行初始化时，采用其默认值即可。Fluent 求解器采用耦合、隐式求解算法；应用能量方程；湍流模型为 RNG $k\text{-}\varepsilon$ 模型[37]。边界条件设定如下：

（1）模型底面和侧面定义为"WALL"边界条件。

（2）流体区域类型为"FLUID"，其他部分类型均为"SOLID"。

（3）对称面采用"SYMMERY"边界条件，此面上各参数梯度均为零。

（4）流动边界条件按进、出口分别考虑，模型中 CO_2 入口边界设为质量流量入口"MASSFLOW_ INLET"，质量流量为 0.123kg/s，温度为 85℃；出口边界设为自由出流"OUTLET"；模型中 H_2O 的入口边界设为质量流量入口"MASSFLOW_ INLET"，质量流量为 0.331kg/s，温度为 25℃；出口边界设为自由出流"OUTLET"；其他保持默认设置。

5.5　R134a/R1234yf 热泵热水器冷凝器数值模拟

5.5.1　模拟基础

进行数值模拟计算，可以看成是对方程的求解，而方程是经过离散来进行求解的，那么对于流体的流动问题，都要求解质量和动量守恒方程，对于包括热传导或可压缩流动，还需要求解能量守恒方程，或增加热力学状态方程作为附加方程。对于包括组分混合和反应的流动，需要解组分守恒方程或者使用 PDF 模型来解混合分数的守恒方程以及该方程的方差。当流动是湍流时，还要解附加输运方程。

一般进行管壳式换热器的设计都是从经验的准数关系式来确定管壳程流体的流动和传热特性，对于管程流体，我们可以进行简单准数关系式计算得到较为满意的结果，但是对于壳程流体，其流动和传热特性就要复杂得多，而壳程恰恰是影响换热器整体换热效率的关键。采用数值模拟的方式预测管壳式换热器的流动和传热特性，对设计高效、可靠的换热器、评价和改造现有换热器的性能是十分必要的。要保证模拟计算的可靠和有效，需要对各个数学模型进行充分的了解和掌握，选择准确、适合的数学计算模型显得尤为关键。

5.5.1.1　流体流动和传热的控制方程

流体流动和传热总是遵循着三大守恒定律的，即质量守恒定律、动量守恒定律和能量守恒定律[38]。如果流动处于湍流状态，需要附加湍流方程。

质量守恒方程是按照质量守恒定律得出，定律可以表达为单位时间内流体微元体中质量的增加，等于同一时间间隔内流入该微元体的净质量。

由这一定律，可以得出质量守恒方程：

$$\frac{\partial \rho}{\partial t} + \frac{\partial (\rho u)}{\partial x} + \frac{\partial (\rho v)}{\partial y} + \frac{\partial (\rho w)}{\partial z} = 0 \tag{5-27}$$

式（5-27）中第 2~4 项是质量流密度（单位时间内通过单位面积的流体质量）的散度。ρ 为流体密度；t 为时间；u、v、w 分别为速度矢量 U 在 x、y、z 三个坐标方向的分量。

动量守恒定律可以表达成：微元体中流体动量对时间的变化率，等于外界作用在该微元体上的各种力之和。按照这一定律，可以得出 x、y、z 三个方向的动量守恒方程：

$$\frac{\partial (\rho u)}{\partial t} + \frac{\partial (\rho uu)}{\partial x} + \frac{\partial (\rho vu)}{\partial y} + \frac{\partial (\rho wu)}{\partial z}$$

$$= \rho f_x - \frac{\partial p}{\partial x} + \frac{\partial}{\partial x}\left(2\mu \frac{\rho u}{\partial x} + \bar{\lambda}\,\mathrm{div}\,U\right) + \frac{\partial}{\partial y}\left[\mu\left(\frac{\partial v}{\partial x} + \frac{\partial u}{\partial y}\right)\right] + \frac{\partial}{\partial z}\left[\mu\left(\frac{\partial w}{\partial x} + \frac{\partial u}{\partial z}\right)\right]$$

$$\tag{5-28}$$

$$\frac{\partial(\rho v)}{\partial t} + \frac{\partial(\rho uv)}{\partial x} + \frac{\partial(\rho vv)}{\partial y} + \frac{\partial(\rho wv)}{\partial z}$$

$$= \rho f_y - \frac{\partial p}{\partial y} + \frac{\partial}{\partial y}\left(2\mu\frac{\partial v}{\partial y} + \bar{\lambda}\,\mathrm{div}\boldsymbol{U}\right) + \frac{\partial}{\partial x}\left[\mu\left(\frac{\partial v}{\partial x} + \frac{\partial u}{\partial y}\right)\right] + \frac{\partial}{\partial z}\left[\mu\left(\frac{\partial w}{\partial y} + \frac{\partial v}{\partial z}\right)\right]$$

$$(5\text{-}29)$$

$$\frac{\partial(\rho w)}{\partial t} + \frac{\partial(\rho uw)}{\partial x} + \frac{\partial(\rho vw)}{\partial y} + \frac{\partial(\rho ww)}{\partial z}$$

$$= \rho f_z - \frac{\partial p}{\partial z} + \frac{\partial}{\partial z}\left(2\mu\frac{\rho w}{\partial x} + \bar{\lambda}\,\mathrm{div}\boldsymbol{U}\right) + \frac{\partial}{\partial x}\left[\mu\left(\frac{\partial u}{\partial z} + \frac{\partial w}{\partial x}\right)\right] + \frac{\partial}{\partial y}\left[\mu\left(\frac{\partial w}{\partial y} + \frac{\partial v}{\partial z}\right)\right]$$

$$(5\text{-}30)$$

能量守恒定律可表述为：微元体中能量的增加率等于进入微元体的净热流量加上体力与面力对微元体所做的功。按照这一定律，可以得到以温度 T 为变量的能量守恒方程：

$$\frac{\partial(\rho T)}{\partial t} + \frac{\partial(\rho uT)}{\partial x} + \frac{\partial(\rho vT)}{\partial y} + \frac{\partial(\rho wT)}{\partial z}$$

$$= \frac{\partial}{\partial x}\left(\frac{\lambda}{c_p}\frac{\partial T}{\partial x}\right) + \frac{\partial}{\partial y}\left(\frac{\lambda}{c_p}\frac{\partial T}{\partial y}\right) + \frac{\partial}{\partial z}\left(\frac{\lambda}{c_p}\frac{\partial T}{\partial z}\right) + S_T \qquad (5\text{-}31)$$

综合各基本方程，共包含 6 个未知量：u、v、w、p、T 和 ρ，还需要补充一个联系 p 和 ρ 的状态方程，方程组才能封闭：

$$p = f(\rho,\ T) \qquad (5\text{-}32)$$

5.5.1.2　流体流动和传热的模型方程

换热器流体流动一般都呈湍流状态，比如弓形折流板换热器雷诺数大于 100 即为湍流。湍流过程最重要的特性为随机性、扩散性、有涡性和耗散性。目前湍流数值模拟方法有直接模拟、大涡模拟和 Reynolds 时均方程法模拟，其中后两者称为非直接模拟。根据确定湍流黏性系数的微分方程的数目，湍流模型又包括零方程模型、一方程模型和两方程模型[39]，在这里详细介绍与本研究相关的湍流模型两方程模型。在关于湍动能 k 的方程的基础上，再引入一个关于湍流耗散率 ε 的方程，用以表征各向同性的小尺度涡的机械能转化为热能的速率，便形成了 $k\text{-}\varepsilon$ 两方程模型，它是使用湍动能 k 和湍流耗散率 ε 这两个变量来确定湍流黏性系数。该模型是目前使用最广泛的湍流模型，已发展为如下三种模式：标准 $k\text{-}\varepsilon$ 模型、RNG $k\text{-}\varepsilon$ 模型及 Realtzable $k\text{-}\varepsilon$ 模型。这三种模型各有优缺点及各自的适用范围，其中后两种模型是在标准 $k\text{-}\varepsilon$ 模型的基础上加以改进的。

热泵制冷装置中冷凝器根据冷却介质和冷却方式的不同，可分为空气冷却式、水冷式和蒸发式三种类型，本节采用水冷式冷凝器。水冷式冷凝器按其结构的不同，分为管壳式、板式、套管式和壳-盘管式等几种类型，本节采用管壳式冷凝器。

5.5.2 冷凝器模型

管壳式换热器是目前应用最广泛的一种换热器，主要由管板、管子、壳体和折流板等组成。本小节讨论的管壳式冷凝器壳侧的介质为水，管侧介质为制冷剂。

不同的壳程流体流动形态使得管壳式换热器的传热和流动阻力等性能呈现较大差异。因此，研究开发合理的换热器结构，强化换热器的传热性能，是换热器设计的重要内容。

近年来，数值模拟技术已经应用在换热设备研究开发和设计的各个环节。管壳式换热器的性能主要是由管程和壳程内流体流动及相互耦合作用决定的，管程内流体的流动与传热可以通过准则关系式进行计算，壳程中流体的流动和传热特性则要复杂得多，且壳程流体的流动分布状态对换热器的总体性能有重要影响。以下分别对管壳式换热器的壳程和管程进行了数值模拟。

5.5.2.1 Gambit 模型

传统的单弓形折流板换热器壳程流体呈对称分布，因此以 1/2 换热器为研究对象建模、划分网格、设定边界条件、初始条件、选择计算模型。换热器的结构尺寸见表 5-12。

表 5-12 模型主要尺寸

换热器结构	几何尺寸
壳体/mm	1000
换热管/mm	$\phi131\times8$
	$\phi12\times24$
排列方式	正三角
管间距/mm	19
折流板厚度/mm	4
折流板间距/mm	200
折流板数量/个	5

启动 Gambit 并选择求解器为 Fluent，利用 Gambit 创建几何模型的功能可实现对 1/2 换热器模型的建立。模型如图 5-25 所示。

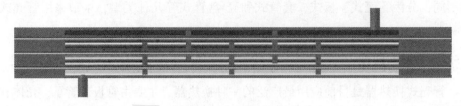

图 5-25   1/2 换热器模型

边界类型设置见表 5-13。

表 5-13   边界类型设置

名 称	边界类别	实 体	选 取
inlet	Velocity-inlet	Face	换热器入口截面
outlet	Outflow	Face	换热器出口截面
waike	Wall	Face	外壳和进出口外壁
duichenmian	Symmetry	Face	换热器对称面
huanremian	Wall	Face	所有换热面
zheliban	Wall	Face	所有折流板

5.5.2.2   模型的网格划分

选用的体网格单元为 Tet/Hybrid（四面体/混合），网格划分的种类为 TGrid，网格划分完后的效果如图 5-26 所示。

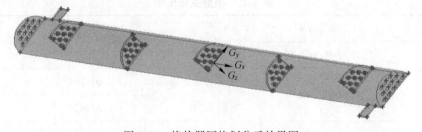

图 5-26   换热器网格划分后效果图

5.5.2.3   边界条件的确定

因湍流效应对流动与传热有一定的影响，故采用 k-ε 方程模型。Pressure Based 隐式（Implict）求解，保证收敛的稳定性；压力和速度解耦采用 SIMPLE（Semi-Implicit Method for Pressure-Linked Equation）算法；动量以及湍流参量的求解采用二阶迎风格式（Second Order Upwind）；计算流体进口采用速度入口条件，给定流体流速、温度及相应的湍流条件；出口采用自由出口边界条件；壳体壁面采用不可渗透、无滑移绝热的边界条件；稳态压缩不可求解。具体边界设置见表 5-14。

表 5-14　换热器边界条件

名　称	边界类型	速度大小/m·s^{-1}	温度/K
进口	Velocity-inlet	0.5、0.8、1.2	夏 293，冬 278
出口	Outflow	—	—
壳体	Wall	—	—
换热管壁面	Wall	—	328

5.5.2.4　Fluent 中求解模型的参数设置

（1）求解前的网格处理和长度单位设置。对输入 Fluent 中的网格文件，有必要进行网格的检查，最主要是检查是否出现负体积的网格，这关系到计算能否继续。同时，进行网格的光滑、交换处理，直到没有交换网格提示出现为止。紧接着需要确定长度的单位，本研究在 Gambit 中以毫米进行建模，所以在 Fluent 中需要选择毫米的选项进行缩放来确定长度。

（2）求解器的选择。Fluent 6.3 版本提供给用户基于压力和基于密度两种求解器。基于压力是 Fluent 的默认算法，Fluent 软件基于压力的求解器和基于密度的求解器完全在同一界面下，确保 Fluent 对于不同的问题都可以得到很好的收敛性、稳定性和精度。其中，基于压力的求解器有两种算法：一个是分离算法，一个是耦合算法。分离算法内存效率非常高，因为离散方程仅仅在一个时刻需要占用内存，由于方程是以"解耦"方式求解的，收敛速度对较慢。对此本研究选择基于压力求解器，因为这样可以在现有的计算机配置上更快得到收敛解。

（3）能量方程的选择。本研究是计算有关于流动与传热耦合的问题，那么在计算能量方程之前，用户可以首先求解流动方程，获得收敛的流场计算结果之后，用户可以再选择能量方程，然后同时求解流动与传热方程，最终获得问题的完整解。经过反复计算，这样得出来的结果与同时计算数值没有什么变化，而速度却提高了很多，节省了计算时间。

（4）计算模型的选择。本研究采用工程上最常用的 k-ε 方程模型。其他设置保持默认即可。

（5）流体、固体材料的选择。模拟计算中，选用壳程流体材料为水（water-liquid：H$_2$O），它的相应物性参数在 Fluent 软件材料库中是取定性温度下的常量、密度、黏度等参数。而本课题研究的是做单纯的流体流动传热，物性参数变化不大，可以看作常数，所以直接采用该数据库进行计算。而管板、壳体等固体材料选用钢材料，换热管用铜，它们的物性参数也采用默认下的材料库数据。

（6）压力插值格式的选择。为了插值计算单元表面处的压力值，Fluent 软件给出标准插值格式、线性格式和二阶格式等。本研究的课题流动较为平稳，没有很高强度旋流等情况的发生，综合考虑下选用默认的标准格式压力插值格式进行计算模拟。

（7）收敛准则和监视器的设置。Fluent 提供收敛准则、监视器和文字报告等方式来确定模型计算的收敛。软件中是采用标准化残差的形式来进行标度，具体定义可以参考文献，通常残差默认值，除能量方程取 10^{-6}，其余均为 0.00001。可以通过改变残差默认值来提高计算的精度，但往往还需要借助监视器对关心的参数进行监视，随着计算迭代到一定程度，监控曲线趋于直线，数值不做较大变化，就可以认定为收敛。比如本研究对壳侧管外壁面传热膜系数、出口温度进行监视，作为判断收敛的主要工具。

（8）其他项都保持默认值即可。

（9）冷凝器的冷却是来自冷却水，温度随着季节变化而不相同，故本研究分别模拟了冬夏两种情况的场图。

5.6　R134a/R1234yf 热泵热水器回热器的数值模拟

5.6.1　Gambit 模型

利用 Gambit 软件，初步建立三个模型，三个模型除套管式回热器的长度不一样，其他尺寸都相同，套管回热器的长度分别为 800mm、1000mm 和 1200mm，模型基本图形如下（以 800mm 长回热器为例）。图 5-27 给出了回热器[40]内部肋片模型，图 5-28 给出了回热器整体模型。

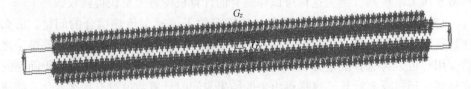

图 5-27　回热器内部肋片模型

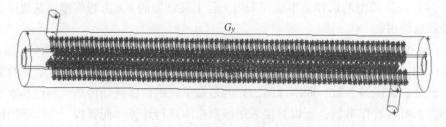

图 5-28　回热器整体模型

为了简化模型，减少计算量，可以以回热器模型的 1/2 为研究对象，简化后的模型如图 5-29 所示。

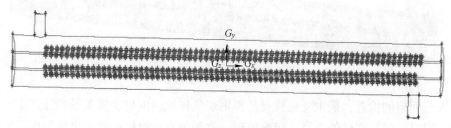

图 5-29　回热器 1/2 对称模型

套管回热器管内是制冷剂液体，壳程内是制冷剂气体，故此计算模型必须设置两个流体域，换热管及肋片可以设置成 solid（材料）域，具体边界设置见表 5-15。

表 5-15　边界设置

名　称	边界类型	实　体	选　择
qiinlet	Velocity-inlet	Face	壳程入口截面
qioutlet	Pressure-outlet	Face	壳程出口截面
yeinlet	Velocity-inlet	Face	换热管入口截面
yeoutlet	Pressure-outlet	Face	换热管出口截面
duichenmian	Symmetry	Face	换热器对称面
huanremian	Wall	Face	所有换热面

5.6.2　边界条件的确定

因湍流效应对流动与传热有一定的影响，故采用 k-ε 方程模型。Pressure Based 隐式（Implict）求解，保证收敛的稳定性；压力和速度解耦采用 Coupled 算法；动量及湍流参量的求解采用二阶迎风格式（Second Order Upwind）；计算流体进口采用速度入口条件，给定流体流速、温度及相应的湍流条件；出口采用压力出口边界条件；壳体壁面采用不可渗透、无滑移绝热的边界条件；内外管壁采用隐式分离求解对流与热传导的热量交换，并采用 Coupled 壁面条件耦合管内外两侧求解域。

选用的体网格单元为 Tet/Hybrid（四面体/混合），网格划分的种类为 TGrid，网格划分完后的效果如图 5-30 所示。

5.6.3　Fluent 中求解模型的参数设置

（1）求解前的网格处理和长度单位设置。对输入 Fluent 中网格文件，有必

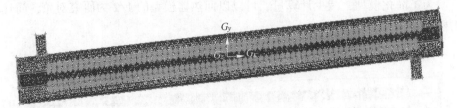

图 5-30　回热器网格划分效果图

要进行网格的检查，最主要是检查是否出现负体积的网格，这关系到计算能否继续。同时，进行网格的光滑、交换处理，直到没有交换网格提示出现为止。紧接着需要确定长度的单位，本研究在 Gambit 中以毫米进行建模，所以在 Fluent 中需要选择毫米的选项进行缩放来确定长度。

（2）求解器的选择。Fluent 6.3 版本提供给用户基于压力和基于密度两种求解器。基于压力是 Fluent 的默认算法，Fluent 软件基于压力的求解器和基于密度的求解器完全在同一界面下，确保 Fluent 对于不同的问题都可以得到很好的收敛性、稳定性和精度。其中，基于压力的求解器有两种算法：一个是分离算法，一个是耦合算法。分离算法内存效率非常高，因为离散方程仅仅在一个时刻需要占用内存，由于方程是以"解耦"方式求解的，收敛速度对较慢。对此本研究选择基于压力求解器因为这样可以在现有的计算机配置上更快得到收敛解。

（3）能量方程的选择。本研究是计算有关于流动与传热耦合的问题，那么在计算能量方程之前，用户可以首先求解流动方程，获得收敛的流场计算结果之后，用户可以再选择能量方程，然后同时求解流动与传热方程，最终获得问题的完整解。经过反复计算，这样得出来的结果与同时计算数值没有什么变化，而速度却提高了很多，节省了计算时间。

（4）计算模型的选择。本研究采用工程上最常用的 $k\text{-}\varepsilon$ 方程模型。其他设置保持默认即可。

（5）流体、固体材料的选择。模拟计算中，选用壳程流体材料为 R1234yf 气体，管程是 R1234yf 液体，它的相应物性参数在 Fluent 软件材料库中没有，需要手动输入数据库。而本课题研究的是作单纯的流体流动传热，物性参数变化不大，可以看作常数，所以直接采用该数据库进行计算。而管板、壳体、等固体材料选用钢材料，换热管用铜，它们的物性参数也采用默认下的材料库数据。

（6）压力插值格式的选择。为了插值计算单元表面处的压力值，Fluent 软件给出标准插值格式、线性格式和二阶格式等。本研究的流动较为平稳，没有很高强度旋流等情况的发生，综合考虑下选用默认的标准格式压力插值格式进行计算模拟。

（7）收敛准则和监视器的设置。Fluent 提供收敛准则、监视器和文字报告等方式来确定模型计算的收敛。软件中是采用标准化残差的形式来进行标度，为了提高精度，取 10^{-7}。

（8）其他项都保持默认值即可。

5.7 太阳能热泵储热水箱数值模拟

5.7.1 物理模型

我国大多数采暖地区太阳能资源丰富，而利用太阳能采暖是一项符合可持续发展战略的技术，要利用太阳能采暖，必须克服太阳能周期性和随机性的缺点，而利用蓄热水箱对热量进行蓄调是解决此问题的有效途径[41]。由于在储热水箱内，冷热流体混合导致高温流体密度小上升至水箱上层，低温流体汇聚在水箱底部，垂直方向温度分布不均匀，形成温度分层[42]。研究储热水箱分层情况能够增加可利用水量，减少辅助加热，从而降低能源消耗，提高系统效率。

本节研究的为串联式太阳能压缩式热泵系统的储热水箱，由于串联式系统中储热水箱温度需要控制，因此在储热水箱中安置了温度传感器，而此次模拟是为了研究水箱在单独工作时的情况，研究结果旨在获得最大的出口水温，提高系统效率。图 5-31 为储热水箱的物理模型，长 5m、宽 3.6m、高 10m。其中管 1 是太阳能集热器的热水进口，管 3 为冷热水混合出口，管 2 为冷水进口。

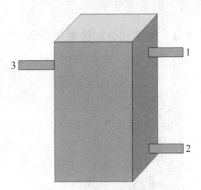

图 5-31　储热水箱物理模型

5.7.2 控制方程

储热水箱内的水为不可压缩流体，冷热水在储热水箱内的换热可以用连续型方程式（5-33），动量方程式（5-34）～式（5-36）和能量方程式（5-37）来描述。

$$\frac{\partial u}{\partial x} + \frac{\partial v}{\partial y} + \frac{\partial w}{\partial z} = 0 \tag{5-33}$$

$$\rho\left(\frac{\partial u}{\partial t} + u\frac{\partial u}{\partial x} + v\frac{\partial u}{\partial y} + w\frac{\partial u}{\partial z}\right) = \mu\left(\frac{\partial^2 u}{\partial x^2} + \frac{\partial^2 u}{\partial y^2} + \frac{\partial^2 u}{\partial z^2}\right) - \frac{\partial p}{\partial x} \tag{5-34}$$

$$\rho\left(\frac{\partial v}{\partial t} + u\frac{\partial v}{\partial x} + v\frac{\partial v}{\partial y} + w\frac{\partial v}{\partial z}\right) = \mu\left(\frac{\partial^2 v}{\partial x^2} + \frac{\partial^2 v}{\partial y^2} + \frac{\partial^2 v}{\partial z^2}\right) - \frac{\partial p}{\partial y} \tag{5-35}$$

$$\rho\left(\frac{\partial w}{\partial t}+u\frac{\partial w}{\partial x}+v\frac{\partial w}{\partial y}+w\frac{\partial w}{\partial z}\right)=\mu\left(\frac{\partial^2 w}{\partial x^2}+\frac{\partial^2 w}{\partial y^2}+\frac{\partial^2 w}{\partial z^2}\right)-\frac{\partial p}{\partial z} \quad (5\text{-}36)$$

$$\frac{\partial T}{\partial t}+u\frac{\partial T}{\partial x}+v\frac{\partial T}{\partial y}+w\frac{\partial T}{\partial z}=\alpha\left(\frac{\partial^2 T}{\partial x^2}+\frac{\partial^2 T}{\partial y^2}+\frac{\partial^2 T}{\partial z^2}\right) \quad (5\text{-}37)$$

5.7.3　模型的简化与假设

对模型的简化与假设如下：

（1）在模拟的温度范围内，水被看作不可压缩流体；

（2）储热罐罐体以及导管壁面都为绝热；

（3）储热罐热水进口流速看作恒定不变的；

（4）为了便于分析，将建立的三维物理模型，简化为二维，即只考虑 X-Y 平面上的温度分布。

5.7.4　网格划分和边界类型设定

利用 Gambit 软件对建立的物理模型进行网格划分，为了便于分析，将三维模型简化为二维模型，并进行 1∶100 等比例缩小，即长 5cm、宽 3.6cm、高 10cm，进出口管径为 6mm，网格如图 5-32 所示。管 1 和管 3 分别设定为 inlet_ 1 和 inlet_ 2，类型为 VELOCITY_ INLET；管 2 设定为 outlet，类型为 PRESSURE_ OUTLET。在 Gambit 输出网格时，会自动将内部区域定义为一个连续的流动区域，意味着内部的网格不用定义类型，会自动转换为内部连续区域。

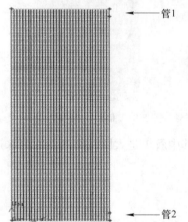

管1

管2

图 5-32　储热水箱网格划分

Fluent 求解方法有非耦合式、耦合隐式、耦合显式，非耦合求解器大多用于无法压缩或小马赫数压缩性流体的流动。耦合求解器可用于高速可压缩流动。对于太阳能储热罐内以及各导管的流体流动流速较小，且水为不可压缩流体，所以选择非耦合求解方法，且为非稳态。此次模拟选择的 k-ω 模型是根据 Wilcox k-ω 模型，为了包括到低雷诺数、可压缩性和剪切流传播而改变来的。该模型能够应用到墙壁束缚流动和自由剪切流动。

5.7.5　模拟工况

研究的储热水箱内的换热流体为不可压缩的水，水的物性参数见表 5-16，模拟工况见表 5-17。

表 5-16 水的物性参数

名　　称	参 数 设 置
密度 ρ/kg·m^{-3}	Boussinesq 假设，设定参考密度 998
定压比热容 c_p/J·(kg·K)$^{-1}$	4182
黏性系数/kg·(m·s)$^{-1}$	0.001003
热膨胀系数/K^{-1}	0.02269

表 5-17 模拟参数

工况	管 1 进口流速/温度（热水）	管 3 进口流速/温度（冷水）
工况一	1m/s	1m/s
工况二	3m/s	3m/s
工况三	5m/s	5m/s
工况四	7m/s	7m/s
工况五	60℃	15℃
工况六	70℃	25℃
工况七	80℃	35℃

　　利用 Fluent 软件对储热水箱的七种工况进行了模拟，工况一～工况四为流速变化，工况五～工况七为水温变化。研究了不同冷热水进口流速下的水箱温度场，以及不同冷热水进口温度下的水箱温度场。通过模拟分析储热水箱内的温度分层情况。由于在储热水箱内，冷热流体混合导致高温流体密度小上升至水箱上层，低温流体汇聚在水箱底部，垂直方向温度分布不均匀，形成温度分层。研究储热水箱分层情况能够增加可利用水量，减少辅助加热，从而降低能源消耗，提高系统效率。

5.8 小结

　　本章分别利用 ANSYS 有限元软件和 Fluent 模拟软件对相应设备进行了建模分析和网格划分，为下一章的模拟奠定基础。

　　分别对 CO_2 活塞压缩机的曲柄连杆机构和涡旋压缩机的涡盘建立了数学模型，利用 ANSYS 有限元软件进行了应力和应变网格划分，为下一章模拟做准备。建立了三管径套管式 CO_2 气体冷却器数学模型，利用 Fluent 模拟软件进行了网格划分，进而研究温度和质量流量等参数对换热器性能的影响。建立了 R134a/R1234yf 管壳式冷凝器和回热器数学模型，利用 Fluent 模拟软件进行了网格划分，进而研究温度和质量流量等参数对换热器性能的影响。建立了太阳能压缩式热泵系统储热水箱的数学模型，利用 Fluent 模拟软件进行了网格划分，分析流速和温度对储热水箱内的换热影响。

参 考 文 献

［1］Deng S, Dai Y J, Wang R Z , et al. Comparison study on performance of a hybrid solar-assisted CO_2 heat pump ［J］. Applied Thermal Engineering, 2011 (31)：3696~3705.

［2］Navarro E , Martínez-Galvan I O , Nohales J , et al. Comparative experimental study of an open piston compressor working with R-1234yf, R-134a and R-290 ［J］. International Journal of Refrigeration, 2013, 36 (3)：768~775.

［3］王雷雷，郭怡，彭学院. 跨临界 CO_2 活塞压缩机活塞的有限元应力及疲劳分析 ［J］. 流体机械, 2013, 41 (1)：26~29.

［4］杨德玺，俞炳丰. 二氧化碳跨临界压缩机研究进展 ［J］. 制冷与空调, 2006, 6 (2)：1~8.

［5］Junlan Yang, Yitai Ma, Shengchun Liu. Performance investigation of transcritical carbon dioxide two-stage compression cycle with expander ［J］. Energy, 2007 (32)：237~245.

［6］Bin Y, Craig R B, Eckhard A G. Modeling of a semi-hermetic CO_2 reciprocating compressor including lubrication submodels for piston rings and bearings ［J］. International Journal of Refrigeration, 2013, 36 (7)：1925~1937.

［7］Hongli Wang, Xiujuan Hou, Jingrui Tian. Analysis of refrigerants properties and alternative ［J］. Advanced Materials Research, 2011 (287~290)：2438~2442.

［8］刘尔烈. 有限单元法及程序设计 ［M］. 天津：天津大学出版社, 1999.

［9］Giuseppe Bianchi, Roberto Cipollone. Theoretical modeling and experimental investigations for the improvement of the mechanical efficiency in sliding vane rotary compressors ［J］. Applied Energy, 2015 (142)：95~107.

［10］Cho J R, Moon S J . A numerical analysis of the interaction between the piston oil film and the component deformation in a reciprocating compressor ［J］. Tribology International, 2005, 38 (5)：459~468.

［11］Kim Tiow Ooi, Jiang Zhu. Convective heat transfer in a scroll compressor chamber：a 2-D simulation ［J］. International Journal of Thermal Sciences, 2004 (43)：677~688.

［12］Jim Townsend, Affan Badar M, Julie Szekerces. Updating temperature monitoring on reciprocating compressor connecting rods to improve reliability ［J］. Engineering Science and Technology, 2016, 19 (1)：566~573.

［13］郁永章. 活塞式压缩机 ［M］. 北京：机械工业出版社, 1982.

［14］缪道平. 活塞式制冷压缩机 ［M］. 北京：机械工业出版社, 1992.

［15］侯秀娟. CO_2 跨临界循环压缩机的性能研究 ［D］. 唐山：河北联合大学, 2012.

［16］马国远，李红旗. 旋转压缩机 ［M］. 北京：机械工业出版社, 2001.

［17］顾兆林. 涡旋压缩机及其他涡旋机械［M］. 西安：陕西科学技术出版社，1998.

［18］Laurent Dardenne, Enrico Fraccari, Alessandro Maggioni, et al. Semi-empirical modelling of a variable speed scroll compressor with vapour injection［J］. International Journal of Refrigeration, 2015（54）：76～87.

［19］Hyun J K, Jong M A, Sung O Ch. Numerical simulation on scroll expander-compressor unit for CO_2 trans-critical cycles［J］. Applied Thermal Engineering, 2008, 28（13）：1654～1661.

［20］刘兴旺，田玉恒，刘振全. 涡旋压缩机轴向间隙中流体在层流流态下的泄漏研究［J］. 流体机械，2004, 32（7）：9～11.

［21］Osama Al-Hawaj. Theoretical modeling of sliding vane compressor with leakage［J］. International Journal of Refrigeration, 2009, 32（7）：1555～1562.

［22］江波，畅云峰，朱杰，等. 涡旋式压缩机内部泄漏的流态分析［J］. 压缩机技术，1998（2）：21～23.

［23］刘兴旺，赵嫚，李超，等. 涡旋压缩机的径向迷宫密封研究［J］. 机械工程学报，2012, 48（21）：97～104.

［24］陈进，陈亚娟，王立存. 新型组合曲线涡旋压缩机容积特性研究［J］. 压缩机技术，2007（1）：8～11.

［25］Yang L, Ching H, Yu Ch. Study on involute of circle with variable radii in a scroll compressor［J］. Mechanism and Machine Theory, 2010, 45（11）：1520～1536.

［26］张立群，罗友平，刘永波. 涡旋压缩机工作特性的研究［J］. 流体机械，2003, 31（3）：1～5.

［27］中华人民共和国国家质量监督检验检疫总局. GB/T 18429—2001 全封闭涡旋式制冷压缩机［S］. 北京：中国标准出版社，2001.

［28］Zhao Y, Li L, Wu H. Research on the reliability of a scroll compressor in a heat pump system［J］. Power and Energy, 2004, 218（6）：429～435.

［29］刘圣春，马一太，刘秋菊. CO_2 水冷气体冷却器理论与实验研究［J］. 制冷空调，2008, 8（1）：64～68.

［30］季杰，刘可亮，裴刚，等. 对太阳能热泵 PV 蒸发器的理论研究及基于分布参数法的数值模拟［J］. 太阳能学报，2006, 27（12）：1202～1207.

［31］宋昱龙，唐学平，王守国，等. 跨临界 CO_2 热泵气体冷却器对系统性能及最优排气压力的影响［J］. 制冷学报，2015, 36（4）：7～15.

［32］杨俊兰，苗国伟，姚钼超. CO_2 气体冷却器的性能分析与试验研究［J］. 流体机械，2014, 42（12）：59～63.

［33］王洪利，田景瑞，刘慧琴. 制冷剂循环性能对比及物性分析［J］. 流体机械，2012, 40（7）：67～71.

［34］Conde M R. Estimation of thermophysical properties of lubricating oils and their solutions with refrigerants：An appraisal of existing methods［J］. Applied Thermal Engineering, 1996, 16（1）：51～61.

［35］Xiuwei Yin, Wen Wang, Vikas Patnaik, et al. Evaluation of microchannel condenser characteristics by numerical simulation ［J］. International Journal of Refrigeration, 2015（54）: 126~141.

［36］刘慧琴. 高效 CO_2 热泵热水器性能研究［D］. 唐山: 河北联合大学, 2014.

［37］Hatami M, Ganji D D, Gorji-Bandpy M. A review of different heat exchangers designs for increasing the diesel exhaust waste heat recovery［J］. Renewable and Sustainable Energy Reviews, 2014（37）: 168~181.

［38］孔珑. 工程流体力学［M］. 北京: 中国电力出版社, 2007.

［39］张鸣远. 高等工程流体力学［M］. 西安: 西安交通大学出版社, 2008.

［40］王洪利, 马一太, 姜云涛. CO_2 跨临界单级压缩带回热器与不带回热器循环理论分析与实验研究［J］. 天津大学学报, 2009, 42（2）: 137~143.

［41］Osorio J D, Rivera-Alvarez A, Swain M, et al. Exergy analysis of discharging multi-tank thermal energy storage systems with constant heat extraction［J］. Applied Energy, 2015（154）: 333~343.

［42］Hawlade M N A, Chou S K, Ullah M Z. The performance of a solar assisted heat pump water heating system［J］. Applied Thermal Engineering, 2001（21）: 1049~1065.

6 太阳能压缩式热泵模拟结果分析

基于前面章节介绍的 CO_2 活塞压缩机连杆模型、CO_2 涡旋压缩机涡盘模型、CO_2 热泵气体冷却器模型、R134a/R1234yf 热泵冷凝器模型、R134a/R1234yf 热泵回热器模型和太阳能压缩式热泵储热水箱模型，分别利用 ANSYS 和 Fluent 软件进行数值模拟，进而对结果进行分析。

6.1 CO_2 跨临界循环活塞压缩机连杆模拟结果

CO_2 活塞压缩机曲柄连杆机构的受力情况比较复杂，由于曲轴运转速度较高，试验测点难以安装，因此，利用实验方法难以得到连杆的受力情况。通过 ANSYS 有限元软件[1]可以方便地得到连杆的受力，并确定其危险应力集中区域，具有精度高、成本低且易实现等优点，此研究为 CO_2 活塞压缩机的优化设计和后续开展样机的加工提供基础[2]。

在压缩过程中，连杆大头受到曲轴向上的推力，小头受到活塞向下的压力；在排气过程中，连杆大头受到曲轴向下的压力，小头受到活塞向上的拉力，压差载荷[3]分布如图 6-1 所示。

(a)   (b)

图 6-1 CO_2 活塞压缩机工作过程中连杆受力图

(a) 压缩过程；(b) 排气过程

6.1.1 压缩过程连杆位移和应变模拟结果分析

为能更准确全面地分析连杆受压差情况，分别选用曲柄连杆结构两端载荷差为 4MPa、5MPa、6MPa 和 7MPa，图 6-2 ~图 6-5 分别给出了压缩过程中位移的变化云图，图 6-6 ~图 6-9 分别给出了压缩过程中应力的变化云图。

  图 6-2 给出了压缩压差为 4MPa 时曲柄连杆机构的位移变化情况。对应 4MPa 压差载荷，曲柄连杆机构最大位移变化量为 15.03μm，且主要集中在连杆小头，较大位移变形情况下，连杆极易发生裂纹甚至断裂。对应 5MPa 压差载荷，曲柄连杆机构最大位移变化量为 18.79μm，且位移变化最大量仍是主要发生在连杆小头，如图 6-3 所示。

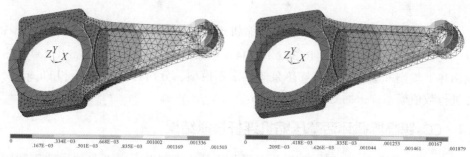

图 6-2 压缩压差为 4MPa 时连杆位移变化图 图 6-3 压缩压差为 5MPa 时连杆位移变化图

  图 6-4 和图 6-5 分别给出了压缩压差为 6MPa 和 7MPa 时曲柄连杆机构的位移变形量。对应 6MPa 压差载荷，曲柄连杆机构最大位移变化量为 22.55μm；对应 7MPa 压差载荷，曲柄连杆机构最大位移变化量为 26.30μm，最大位移变化量仍是主要集中在连杆小头。

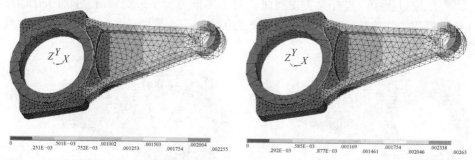

图 6-4 压缩压差为 6MPa 时连杆位移变化图 图 6-5 压缩压差为 7MPa 时连杆位移变化图

  由图 6-2~图 6-5 分析表明，随着载荷压差的不断增大，曲柄连杆机构的位移变化量逐渐增大，最大位移变化量均出现在连杆小头上，载荷压差越大，位移变形量也随之增大。由于 CO_2 制冷剂的运行压差较氟利昂制冷剂压差高很多，相同功率的机组，CO_2 压缩机的曲柄连杆机构尺寸要比氟利昂压缩机尺寸小很多，主要是 CO_2 工质单位容积制冷量比较大。因此，CO_2 压缩机的连杆机构受力要比氟利昂压缩机连杆机构更集中，这就对 CO_2 压缩机曲柄连杆机构的设计提出较高的要求。因而，曲柄连杆机构材质和设计对 CO_2 压缩机稳定运行至关重要。

  图 6-6 给出了压缩压差为 4MPa 时曲柄连杆机构的受力变化情况。对应 4MPa 压差载荷，曲柄连杆机构最大应力为 10.3MPa，应力主要集中在连杆小

头、轴瓦及连杆大头上半部分，且最大应力点在连杆小头与轴瓦连接处，较大应力作用下，连杆极易发生裂纹甚至断裂。对应5MPa压差载荷，曲柄连杆机构最大应力为12.8MPa，且最大应力点仍在连杆小头与轴瓦连接处，如图6-7所示。

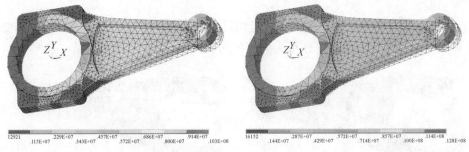

图6-6 压缩压差为4MPa时连杆应力变化图   图6-7 压缩压差为5MPa时连杆应力变化图

图6-8和图6-9分别给出了压缩压差为6MPa和7MPa时曲柄连杆机构的内部应力变形情况。对应6MPa压差载荷，曲柄连杆机构最大应力为15.4MPa；对应7MPa压差载荷，曲柄连杆机构最大应力为18.0MPa。最大内部应力仍是主要集中在连杆小头与轴瓦连接处。

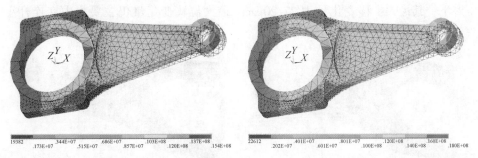

图6-8 压缩压差为6MPa时连杆应力变化图   图6-9 压缩压差为7MPa时连杆应力变化图

由图6-6~图6-9分析表明，随着载荷压差的不断增大，曲柄连杆机构的内部应力逐渐增大，最大应力均出现在连杆小头与轴瓦上，载荷压差越大，应力也随之增大。因此，压差越大，连杆内部产生的应力也越大，在高温、高压制冷剂、活塞及曲轴的共同作用下，连杆产生的内部应力是造成连杆损坏的主要原因。在压缩过程中，连杆明显被挤压，在高压、高温制冷剂气体作用下，容易造成连杆小头、轴瓦的损坏，其中连杆小头是最容易受到损坏的部分。

6.1.2　排气过程连杆位移和应变模拟结果分析

图6-10~图6-13分别给出了排气过程中连杆位移的变化云图，图6-14~图6-17分别给出了排气过程中连杆应力的变化云图。

图6-10给出了排气压差为4MPa时曲柄连杆机构的位移变化情况。对应

4MPa 压差载荷，曲柄连杆机构最大位移变化量为 15.54μm，在排气过程中，由于受到外部高压制冷剂气体的作用，导致连杆发生的位移变化量主要集中在大头下部及整个连杆小头，其中连杆小头上部存在最大位移变化量导致小头弯曲变形甚至折断。

对应 5MPa 压差载荷，曲柄连杆机构最大位移变化量为 19.43μm，且位移变化最大量仍是主要发生在连杆小头处，如图 6-11 所示。

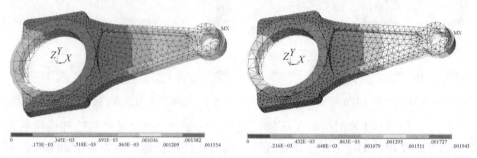

图 6-10　排气压差为 4MPa 时连杆位移变化图　　图 6-11　排气压差为 5MPa 时连杆位移变化图

对应 6MPa 压差载荷，曲柄连杆机构最大位移变化量为 23.31μm；在 7MPa 压差下，其最大位移变化量为 27.20μm。最大位移变化量仍主要集中在连杆小头处，分别如图 6-12 和图 6-13 所示。

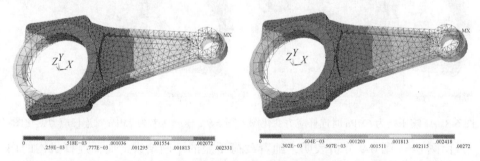

图 6-12　排气压差为 6MPa 时连杆位移变化图　　图 6-13　排气压差为 7MPa 时连杆位移变化图

由图 6-10~图 6-13 分析表明，随着排气压差的不断增大，曲柄连杆机构的位移变化量逐渐增大，最大位移变化量均出现在连杆小头处，载荷压差越大，最大位移变化量也随之增大。

图 6-14 给出了排气压差为 4MPa 时曲柄连杆机构的应力变化情况。对应 4MPa 压差载荷，曲柄连杆机构最大应力为 20.7MPa，应力主要集中在连杆小头、轴瓦及连杆大头下半部分，且最大应力点在连杆大头盖与大头轴瓦连接处，即连杆大头连接螺栓处。在较大剪切应力作用下，连杆连接螺栓极易发生裂纹甚至断裂。对应 5MPa 压差载荷，曲柄连杆机构最大应力为 27.7MPa，且最大应力点仍在连杆大头连接螺栓处，如图 6-15 所示。

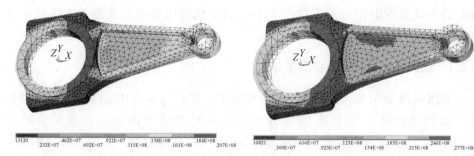

图 6-14　排气压差为 4MPa 时连杆应力变化图　图 6-15　排气压差为 5MPa 时连杆应力变化图

对应 6MPa 压差载荷，曲柄连杆机构最大应力为 41.5MPa；对应 7MPa 压差载荷，曲柄连杆机构最大应力为 48.4MPa。最大内部应力仍是主要集中在连杆大头连接螺栓处，如图 6-16 和图 6-17 所示。

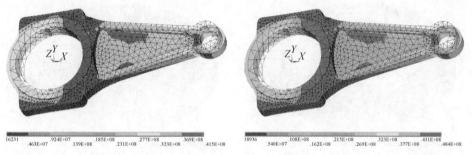

图 6-16　排气压差为 6MPa 时连杆应力变化图　图 6-17　排气压差为 7MPa 时连杆应力变化图

由图 6-14～图 6-17 分析表明，在排气过程中，随着载荷压差的不断增大，曲柄连杆机构的内部应力变化量逐渐增大，最大应力均出现在连杆大头连接螺栓处，载荷压差越大，应力也随之增大。在高温高压制冷剂、活塞及曲轴的共同作用下，连杆产生的内部应力是造成连杆损坏的主要原因。

6.2　CO$_2$跨临界循环涡旋压缩机动涡盘模拟结果

由于 CO$_2$跨临界热泵系统运行压力较氟利昂制冷剂压力高很多，相同功率的机组，CO$_2$工质单位容积制冷量比较大，使得 CO$_2$涡旋压缩机的动涡盘尺寸要比氟利昂压缩机尺寸小很多。因此，CO$_2$涡旋压缩机的动涡盘受力[4, 5]要比氟利昂压缩机更集中，这就对 CO$_2$涡旋压缩机动涡盘的设计提出较高的要求[6]。

由于 CO$_2$涡旋压缩机动、静涡盘的几何形状复杂，且随主轴旋转，动、静涡旋齿啮合点位置也不断变化[7,8]。主轴的旋转速度很高，使得试验测点难以安装。动、静涡盘是涡旋压缩机的主要工作部件，其应力值的大小直接影响压缩机的使用寿命，所以对其实际工况下强度分析至关重要。利用 ANSYS 有限元软件对动涡盘进行应力应变[9]分析，确定危险应力及其变形，为优化设计提供依据。

6.2.1　动涡盘应力分布模拟结果分析

在图 6-18 所示的动涡盘的总应力变化中，在高达 6~7MPa 的气体压差载荷下，动涡盘内部产生较大的应力，且齿头根部处应力最大，最大值约为93.9MPa；沿着轴向和径向应力逐渐变小，进气口处应力最小，约为 10.4MPa。

图 6-19 给出了动涡盘的径向应力变化情况。应力变化呈对称分布，从中心至边缘沿径向逐渐减小。其中最大应力点在涡圈的中心靠近齿头处，约为40.9MPa；最小应力点在进气口处，约为 18.2MPa。径向变形主要是由于动涡盘承受的气体作用力在径向分力作用的结果。

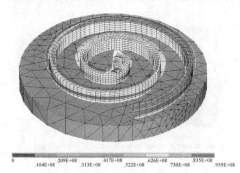

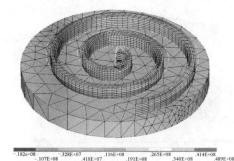

图 6-18　动涡盘的总应力变形图　　　　图 6-19　动涡盘的径向应力变形图

图 6-20 给出了动涡盘的轴向应力变化情况。应力变化沿轴向从齿头至齿根逐渐减小，其中最大应力点在涡圈的齿头处，约为 44.7MPa；最小应力点在进气口处，约为 34.5MPa。沿偏心轴线方向加在动涡盘上的轴向气体分力是造成轴向变形的主要因素。轴向分力会使动、静涡盘沿轴向脱离，并使轴向间隙增大，从而导致轴向 CO_2 泄漏损失增加。轴向气体力随主轴转角发生变化，虽然幅度不大，但却很难加以平衡，往往带来轴向机构摩擦功耗。根据实际运行情况，调整涡圈在不同位置的高度可以保持动、静涡盘之间的密封性，从而减少轴向摩擦及泄漏损失。

动涡盘的切向应力变形图如图 6-21 所示。由于气体作用力在切向的分力主要作用在涡圈的底部，使切向位移沿切向从中心至边缘应力逐渐减小。最大切向应力点在涡圈底部，约为 112.0MPa；最小切向应力在涡圈边缘，约为 44.2MPa。

由图 6-19~图 6-21 分析表明，在动涡盘的轴向、切向和径向应力三个方向的变形中，切向应力最大，且其作用点在齿根处，容易使涡圈中心根部损坏，是造成动涡盘涡圈变形的主要因素。

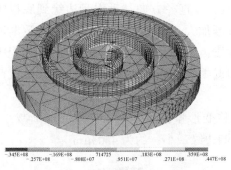
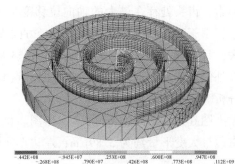

-.345E+08　　-.169E+08　　-.808E+07　　714725　　.951E+07　　.183E+08　　.271E+08　　.359E+08　　.447E+08

图6-20　动涡盘的轴向应力变形图

-.442E+08　　-.268E+08　　-.945E+07　　.790E+07　　.253E+08　　.426E+08　　.600E+08　　.773E+08　　.947E+08　　.112E+09

图6-21　动涡盘的切向应力变形图

6.2.2　动涡盘位移变形模拟结果分析

在图6-22的动涡盘的总位移变形中，由于中心部位是排气口处，CO_2制冷剂到达中心处压力高达10MPa，因此动涡盘涡圈的中心处受到很大的气体载荷作用。由图6-22知，动涡盘的位移变形最严重的部分在动涡盘中心的齿头上部，最大变形量约为7.33μm；沿着动涡盘的轴向和径向位移变化量逐渐变小，最小变形量约为0.81μm。

由图6-22和图6-18分析表明，实际工况下，齿头根处由于受到较大的气体压差载荷的作用，具有最大的位移变形量和应力，所以在对CO_2涡旋压缩机进行设计时，应该校核动涡盘涡圈中心齿头处的应力。

动涡盘涡圈的变形包括三方面：径向变形、轴向变形、切向变形。图6-23～图6-25分别所示为动涡盘径向、轴向、切向的位移变形云图。在图6-23的径向位移变形云图中，动涡盘的位移变形以中心为界分为变形较大和较小两个区域，在变形比较大的区域，沿着径向方向，位移变形量中间部分较两边部分大；在变形较小的区域，沿着径向方向，位移变形量两边部分较中间大。最大位移变形量约为4.42μm，最小位移变形量约为4.30μm。

涡圈所受气体力是引起径向变形的主要因素，使涡圈沿径向向外变形，同时涡盘底板向上鼓起会引起涡圈沿径向向内偏移。故这两种因素共同导致了涡圈的径向变形，因此，在设计中可用数值模拟的方法，寻找合适的底板厚度与涡圈壁厚，使得涡圈最终的径向变形位移量最小。

在图6-24的轴向位移变形中，可以看到在动涡盘总的位移变形云图中轴向位移变形趋势与总位移变形趋势基本相同，最大的位移变形量在动涡盘齿头上部，约为2.31μm；沿着轴向靠近底座、切向从中心向外，变形量逐渐减少，最小约为1.23μm。

作用在动涡盘底板上、下表面的气体压差是引起动涡盘轴向位移变形的主要因素，齿头处存在最大的轴向位移变形值。沿直径方向从动涡盘边缘到底板中心，由于表面的压差从边缘沿直径方向逐渐加大，使得轴向位移变形量也逐渐增大，且轴向变形在涡旋齿中心部分明显大于齿外侧，因此，在压缩机工作过程中在外侧更容易出现过大轴向间隙而导致泄漏损失，降低压缩机效率。在实际载荷分析时应考虑非均匀压力场的影响。

图 6-25 给出了切向位移变形图。位移变形量沿着径向由左至右逐渐减小，右边最大变形量约为 $5.89\mu m$；左边至涡圈边缘最小，约为 $4.03\mu m$。

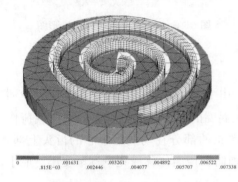

图 6-22   动涡盘的总位移变形图   图 6-23   动涡盘的径向位移变形图

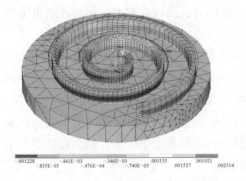
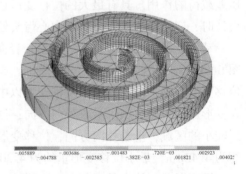

图 6-24   动涡盘的轴向位移变形图   图 6-25   动涡盘的切向位移变形图

动涡盘的切向位移变形主要是由于涡圈承受的气体力作用的结果，其次，动、静涡盘相对运动产生的相互作用力，也是引起切向位移变形的一个重要原因。两者的共同作用导致了动涡盘的切向位移变形。

由图 6-23~图 6-25 分析表明，由于动涡盘轴向、切向、径向这三个方向的位移变形共同导致了动涡盘涡圈如图 6-22 所示的总位移变形结果；其中轴向位移变形虽然数值较径向和切向变化小，但是其作用点发生在齿头处，容易造成动涡盘齿头发生裂纹甚至断裂。

6.3 CO_2热泵热水器气体冷却器模拟结果

6.3.1 温度对换热性能的影响

6.3.1.1 CO_2工质进口温度对气体冷却器换热量的影响

在热泵系统内三管径套管式气体冷却器冷却水的进口温度为25℃、质量流量为0.331kg/s；CO_2的质量流量为0.123kg/s，分别选取65℃、75℃、85℃、95℃为CO_2的进口温度，模拟结果如图6-26所示。

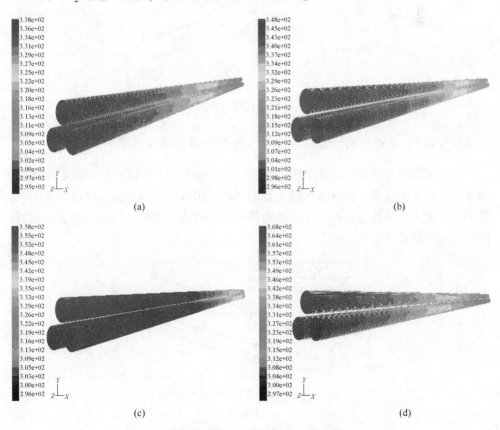

(a)　　　　　　　　　　　　　　　　(b)

(c)　　　　　　　　　　　　　　　　(d)

图6-26　CO_2进口温度对气体冷却器换热性能的影响

(a) T_{CO_2}=65℃ ；(b) T_{CO_2}=75℃ ；(c) T_{CO_2}=85℃ ；(d) T_{CO_2}=95℃

由图6-26可见，高温CO_2工质在流经气体冷却器时，温度逐渐降低。在其他参数不变的情况下，随着CO_2工质进口温度的逐渐升高，气体冷却器中CO_2的放热量增大，使得冷却水的出口温度升高[10]，进而能更好地满足用户的使用要求。CO_2 温度随管长的变化如图 6-27 所示。由图 6-27 可见，随着气体冷却器[11]管长的不断加长，CO_2 工质的温度逐渐降低，同时，进入气体冷却器的温度越高，出口温度也相应地升高。分析可知，当气体冷却器的进口参数一定时，若想获得高温的水，可通过加长气体冷却器管长来实现，即 CO_2 的温差变大，出口温度降低，故冷却水得到的热量随之增加，水的出口温度升高。

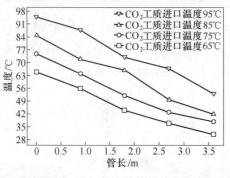

图 6-27 CO_2 温度随管长的变化

6.3.1.2   冷却水侧的进口温度对气体冷却器换热量的影响

冷却水温度随管长的变化如图 6-28 所示。由图 6-28 可以看出，随着气体冷却器管长的不断加长，冷却水的温度逐渐升高。另外，通过加长气体冷却器的管长来获得更大的换热量，也是获得高温热水的有效措施之一，但应考虑实际运行情况而定出合适的管长[12]。

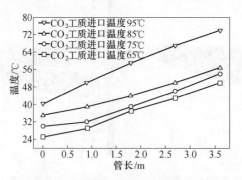

图 6-28   冷却水温度随管长的变化

在热泵系统内三管径套管式气体冷却器 CO_2 工质的进口温度为 85℃、质量流量为 0.123kg/s；冷却水的质量流量为 0.331kg/s，分别选取 20℃、25℃、30℃、35℃ 为冷却水的进口温度，模拟结果如图 6-29 所示。

由图 6-29 可知，低温的冷却水在流经气体冷却器时，温度逐渐升高。在其他参数不变的情况下，随着冷却水进口温度的逐渐升高，越容易达到用户需水温

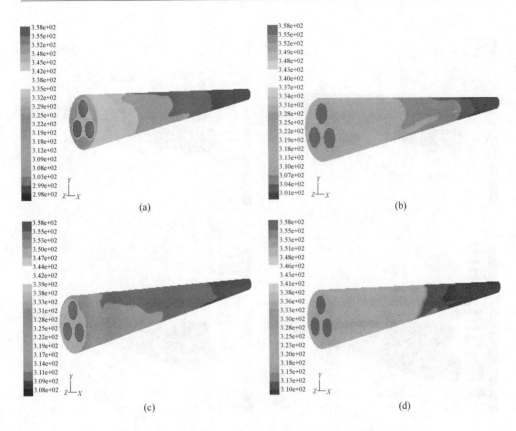

图 6-29　气体冷却器换热性能随冷却水温度的变化

（a）$T_{H_2O}=20℃$；（b）$T_{H_2O}=25℃$；（c）$T_{H_2O}=30℃$；（d）$T_{H_2O}=35℃$

度的要求。所以在热泵循环实际的运行当中，较低的冷却水进口温度需要 CO$_2$ 提供较大的换热量。

6.3.2　质量流量对换热性能的影响

6.3.2.1　CO$_2$ 工质侧的进口质量流量对气体冷却器换热量的影响

冷却水进口温度为 25℃、质量流量为 0.331kg/s；CO$_2$ 的进口温度为 85℃，分别取 0.123kg/s、0.223kg/s、0.323kg/s、0.423kg/s 为 CO$_2$ 的质量流量。图 6-30 给出了 CO$_2$ 质量流量的变化对气体冷却器换热性能的影响。

由图 6-30 分析可知，不同质量流量的 CO$_2$ 工质在流经气体冷却器时，温度逐渐降低。在其他参数不变的工况下，CO$_2$ 的质量流量逐渐增大，换热温差越大，得到冷却水的出口温度越高[13]。

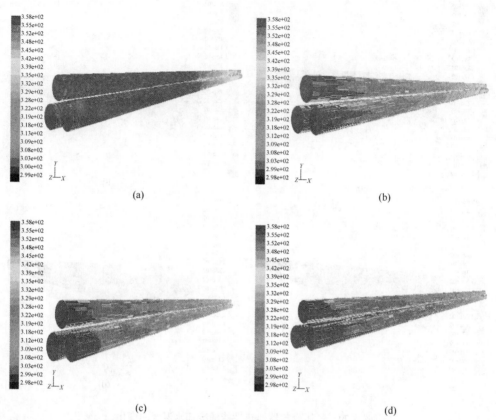

图 6-30　CO_2 质量流量的变化对气体冷却器换热性能的影响

（a）$q_m = 0.123kg/s$；（b）$q_m = 0.223kg/s$；（c）$q_m = 0.323kg/s$；（d）$q_m = 0.423kg/s$

6.3.2.2　冷却水的质量流量对气体冷却器换热量的影响

CO_2 的进口温度为 85℃、质量流量为 0.123kg/s；冷却水进口温度为 25℃，分别选取 0.331kg/s、0.359kg/s、0.389kg/s、0.418kg/s 为冷却水的质量流量。图 6-31 给出了冷却水质量流量的变化对气体冷却器换热性能的影响。

由图 6-31 可知，不同质量流量的冷却水在流经气体冷却器时，温度逐渐升高。在其他条件不变的情况下，当气体冷却器处于逆流换热状态时，随着冷却水进口质量流量的逐渐增大，出口温度逐渐升高。

CO_2 温度随管长的变化如图 6-32 所示。由图 6-32 可以看出，随着气体冷却器管长的不断加长，CO_2 工质的温度逐渐降低。另外，气体冷却器的入口质量流量与出口温度成反比。这是由于在换热量不变的情况下，质量流量越大，换热温差越小，进而使得出口温度越低。

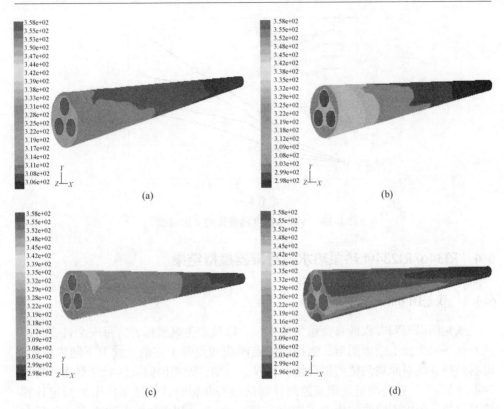

图 6-31 冷却水质量流量的变化对气体冷却器换热性能的影响

（a）$q_m = 0.331\text{kg/s}$；（b）$q_m = 0.359\text{kg/s}$；（c）$q_m = 0.389\text{kg/s}$；（d）$q_m = 0.418\text{kg/s}$

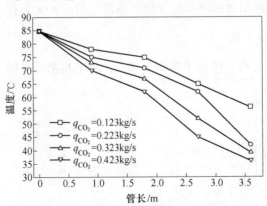

图 6-32 CO$_2$温度随管长的变化曲线

　　冷却水温度随管长的变化如图 6-33 所示。由图 6-33 可以看出，随着气体冷却器管长的不断变长，冷却水的温度逐渐升高。另外，进入气体冷却器的质量流量越大，气体冷却器出口水温反而越低。这是由于在换热量不变的情况下，质量流量越大，换热温差越小，冷却水出口温度较小质量流量的要低些。

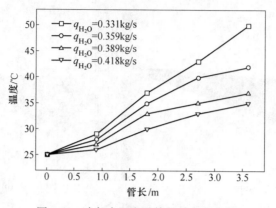

图 6-33　冷却水温度随管长的变化曲线

6.4　R134a/R1234yf 热泵热水器冷凝器模拟结果

6.4.1　残差图分析

残差图以回归方程的自变量为横坐标，以残差为纵坐标，将每一个自变量的残差在平面坐标上绘成图形。当描绘的点围绕残差等于零的直线上下随机散布，说明回归直线对原观测值的拟合情况良好。否则，说明回归直线对原观测值的拟合不理想[14]。残差图只是用来监测计算的过程并影响计算结果，用来判定计算是否收敛。图中不同曲线代表了指定方程，如 x、y 和 z 方向上的速度、动量和能量方程等。至于计算方程的选择就没有固定的说法，有些模型用 $k\text{-}\varepsilon$ 方程计算会好点，而有些模型可选用其他方程。本次选用的 $k\text{-}\varepsilon$ 方程。

6.4.1.1　夏季工况

图 6-34～图 6-36 分别给出了不同流速时冷凝器模拟残差图。工况为夏季，

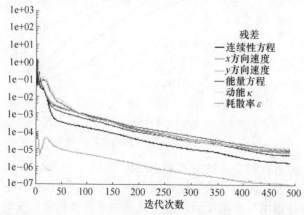

图 6-34　夏季水流速度为 0.5m/s 时冷凝器模拟残差图

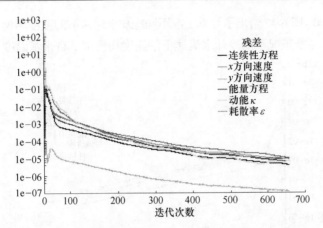

图 6-35 夏季水流速度为 0.8m/s 时冷凝器模拟残差图

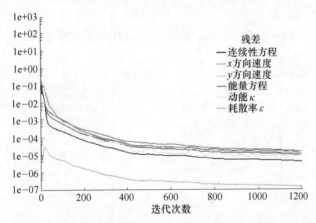

图 6-36 夏季水流速度为 1.2m/s 时冷凝器模拟残差图

水流速分别为 0.5m/s、0.8m/s 和 1.2m/s。由图 6-34～图 6-36 可知，随着水流速增加，模拟收敛性更好，也就是通过加大水流速，冷凝器内换热系数增大，换热效果更好。这在实验台测试时，也是稳定工况的一种调整模式。

6.4.1.2 冬季工况

图 6-37～图 6-39 分别给出了不同流速时冷凝器模拟残差图。工况为冬季，水流速分别为 0.5m/s、0.8m/s 和 1.2m/s。分析方法类似，不再赘述。通过加大水流速，冷凝器内换热系数将增大，换热效果会更好。

6.4.2 流速对换热性能的影响

6.4.2.1 夏季工况

本小节分别模拟了当水的流速为 0.5m/s、0.8m/s 和 1.2m/s 时的温度场和速度场。图 6-40~图 6-42 给出了夏季工况不同冷却水流速下的温度场模拟，图 6-43~图 6-45 给出了冬季工况不同冷却水流速下的速度场模拟。自来水温度取 20℃。

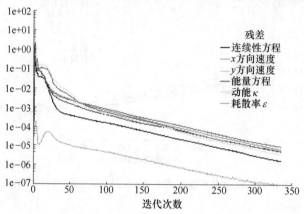

图 6-37　冬季水流速度为 0.5m/s 时冷凝器模拟残差图

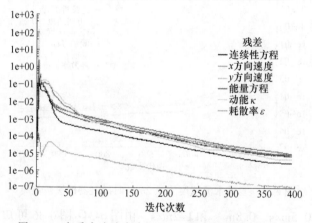

图 6-38　冬季水流速度为 0.8m/s 时冷凝器模拟残差图

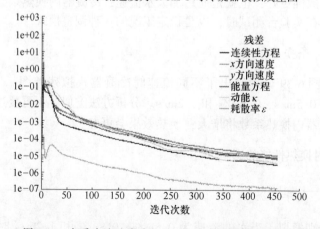

图 6-39　冬季水流速度为 1.2m/s 时冷凝器模拟残差图

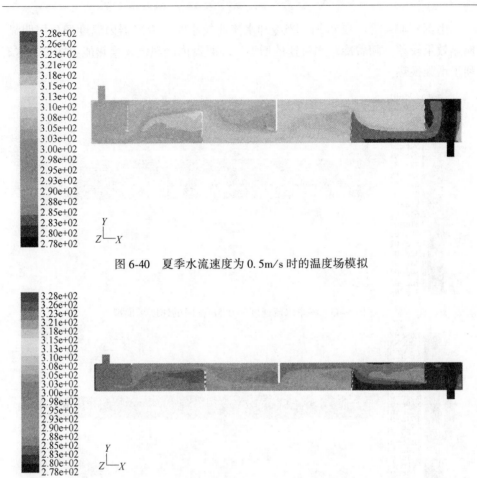

图 6-40   夏季水流速度为 0.5m/s 时的温度场模拟

图 6-41   夏季水流速度为 0.8m/s 时的温度场模拟

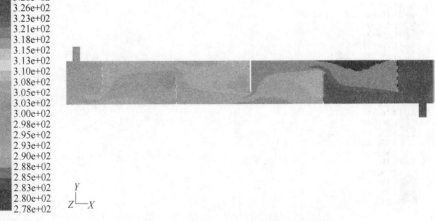

图 6-42   夏季水流速度为 1.2m/s 时的温度场模拟

由图 6-40~图 6-42 可知，当冷却水流速较小时，冷凝器内温度场分层明显，换热效果较差。随着冷却水流速的增加，冷凝器内冷热流体换热能力增强，这有利于增强换热。

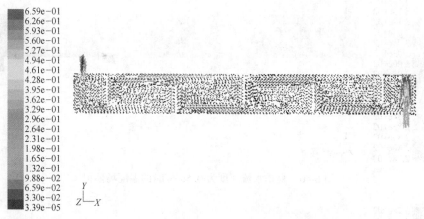

图 6-43　冬季水流速度为 0.5m/s 时的速度场模拟

图 6-44　冬季水流速度为 0.8m/s 时的速度场模拟

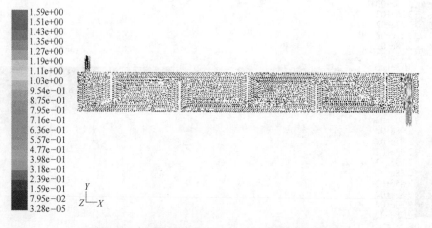

图 6-45　冬季水流速度为 1.2m/s 时的速度场模拟

由图 6-43～图 6-45 可知，当冷却水流速较小时，冷凝器内速度场分层明显，换热效果较差。随着冷却水流速的增加，冷凝器内冷热流体换热能力增强，这有利于增强换热。图 6-46～图 6-48 分别给出了夏季工况不同冷却水流速下的温度场矢量分布情况。

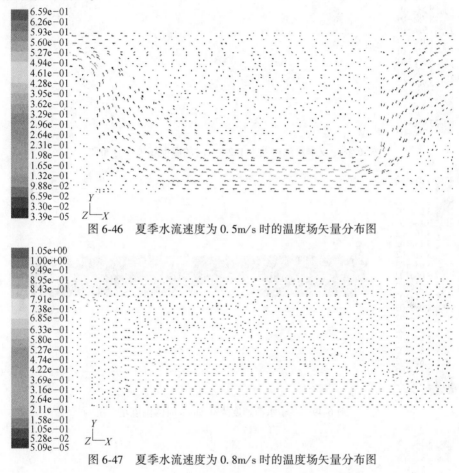

图 6-46 夏季水流速度为 0.5m/s 时的温度场矢量分布图

图 6-47 夏季水流速度为 0.8m/s 时的温度场矢量分布图

6.4.2.2 冬季工况

当冷却水流速为 0.5m/s、0.8m/s 和 1.2m/s 时，图 6-49～图 6-51 给出了冬季工况不同冷却水流速下的温度场模拟，图 6-52～图 6-54 给出了冬季工况不同冷却水流速下的速度场模拟。图 6-55～图 6-57 分别给出了冬季工况不同冷却水流速下的温度场矢量分布情况，自来水温度取 5℃。

由图 6-49～图 6-51 可知，当冷却水流速较小时，冷凝器内温度场分层明显，换热效果较差。随着冷却水流速的增加，冷凝器内冷热流体换热能力增强，这有利于增强换热。

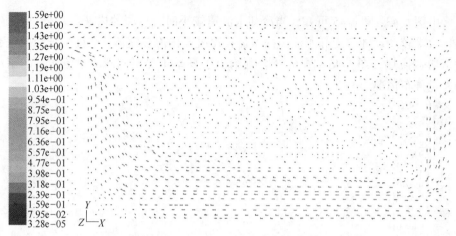

图 6-48   夏季水流速度为 1.2m/s 时的温度场矢量分布图

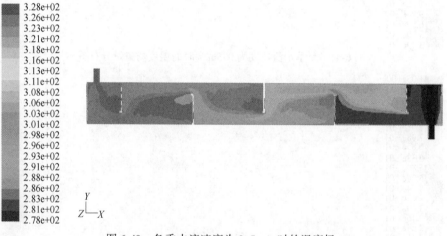

图 6-49   冬季水流速度为 0.5m/s 时的温度场

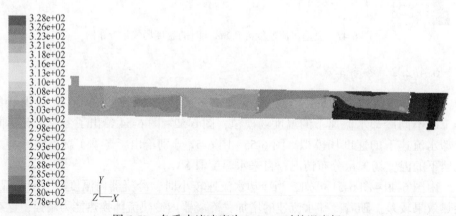

图 6-50   冬季水流速度为 0.8m/s 时的温度场

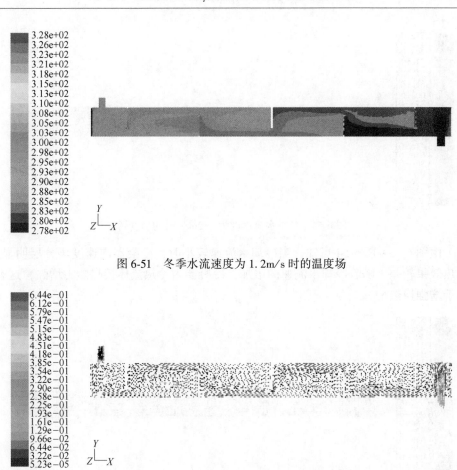

图 6-51 冬季水流速度为 1.2m/s 时的温度场

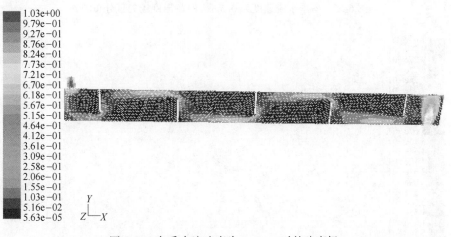

图 6-52 冬季水流速度为 0.5m/s 时的速度场

图 6-53 冬季水流速度为 0.8m/s 时的速度场

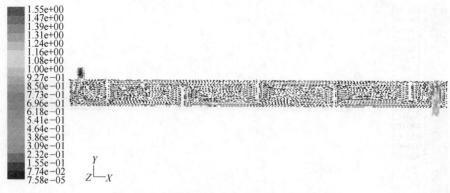

图 6-54　冬季水流速度为 1.2m/s 时的速度场

由图 6-52~图 6-54 可知，当冷却水流速较小时，冷凝器内速度场分层明显，换热效果较差。随着冷却水流速的增加，冷凝器内冷热流体换热能力增强，这有利于增强换热。

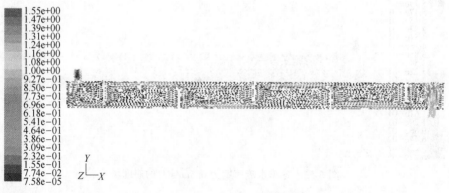

图 6-55　冬季水流速度为 0.5m/s 时的温度场矢量分布图

图 6-56　冬季水流速度为 0.8m/s 时的温度场矢量分布图

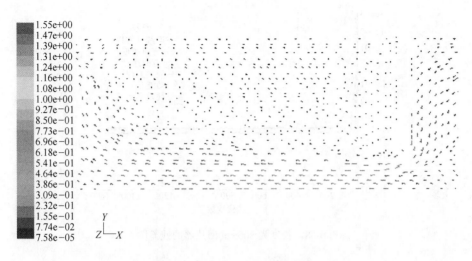

图 6-57　冬季水流速度为 1.2m/s 时的温度场矢量分布图

对比分析表明，夏季和冬季由于自来水的温度不同，所以，在其他条件都相同的情况下，它们的温度场、速度场有所不同；水流速度对温度场的影响比较大。

冷却水经过折流板的圆缺部分后掠过管束，并在折流板的作用下在壳程内反复绕流[15]，其壳程流体状态如图 6-46～图 6-48 和图 6-55～图 6-57 所示。从图可以看出，流体在折流板前区域内横向冲刷管束，呈错流传热，在雷诺数较低的情况下便能达到湍流状态，85% 左右的热量传递都在此区域内完成。折流板后方是涡流区，流体在此区域内相对停滞，小的涡旋再循环会使流体温度很快与管子表面温度区域平衡，而由于流体相对静止，使其热混合程度极小，热量在此聚集而无法被及时传递到下游，局部换热效果很差，因此被称为传热死区。从图可以看出，折流板后方温度很高，为传热死区，传热死区的存在使换热器的换热表面无法充分利用，能力未能充分发挥，因而传热系数小，容易结垢。

6.5　R134a/R1234yf 热泵热水器回热器模拟结果

6.5.1　残差图分析

图 6-58～图 6-60 分别给出了不同回热器长度时残差图。回热器长度分别为 800mm、1000mm 和 1200mm。由图可知，随着回热器长度增加，模拟收敛性更好，也就是通过加大回热器[16]长度，进而增大回热器换热面积，换热效果更好。

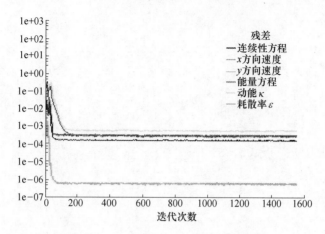

图 6-58　长度为 800mm 回热器的残差图

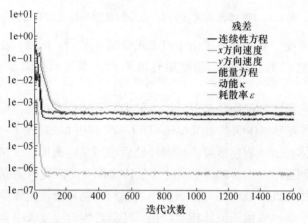

图 6-59　长度为 1000mm 回热器的残差图

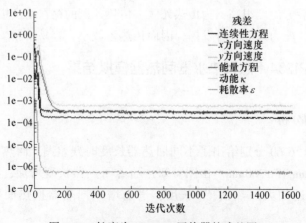

图 6-60　长度为 1200mm 回热器的残差图

6.5.2 长度对换热性能的影响

当回热器长度分别为 800mm、1000mm 和 1200mm 时，图 6-61～图 6-63 给出了不同回热器长度下的温度场模拟，图 6-64～图 6-66 给出了不同回热器长度下的速度场模拟。

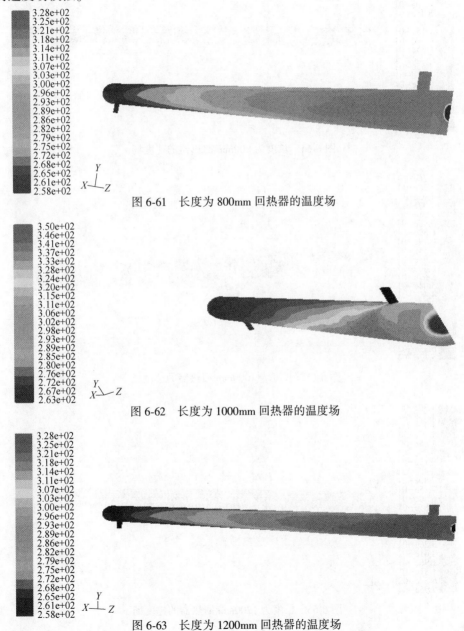

图 6-61 长度为 800mm 回热器的温度场

图 6-62 长度为 1000mm 回热器的温度场

图 6-63 长度为 1200mm 回热器的温度场

由图 6-61~图 6-63 可知，随着回热器长度逐渐增加，回热器内部温度场更加均匀，从冷热流体换热温差角度考虑，对减少换热器热损失是有利的。

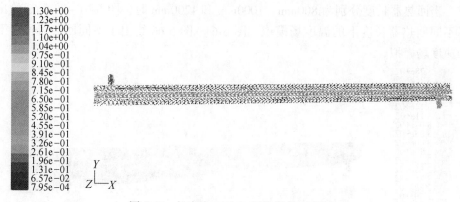

图 6-64　长度为 800mm 回热器的速度场

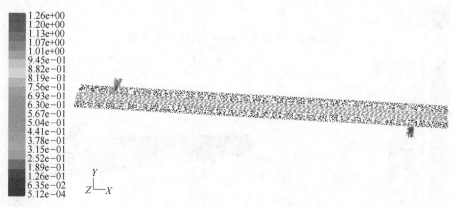

图 6-65　长度为 1000mm 回热器的速度场

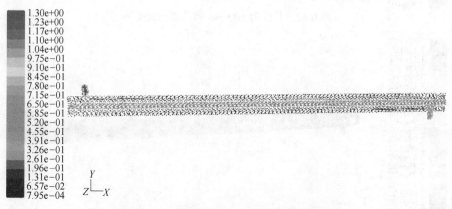

图 6-66　长度为 1200mm 回热器的速度场

由图 6-64~图 6-66 可知，随着回热器长度逐渐增加，回热器内部换热更加充分，无论从热泵系统的制冷考虑，还是从制热考虑，回热器的设置都会对系统性能的提高有益。

6.6 太阳能压缩式热泵储热水箱模拟结果

6.6.1 流速对温度场的影响

图 6-67~图 6-70 给出了不同进水管流速下的温度场模拟。由图 6-67~图 6-70

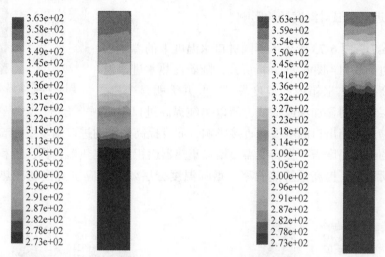

图 6-67 储热水箱温度云图（工况一：1m/s）　　图 6-68 储热水箱温度云图（工况二：3m/s）

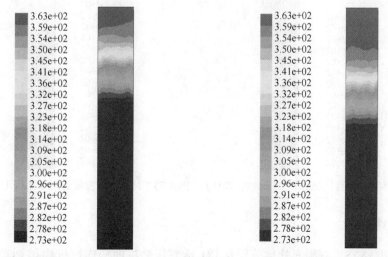

图 6-69 储热水箱温度云图（工况三：5m/s）　　图 6-70 储热水箱温度云图（工况四：7m/s）

分析可知，太阳能压缩式热泵[17,18]储热水箱进水管流速越小温度分层越明显，则热利用率越高，流速过大会导致进出口管路短路，水箱内混合损失增大，水箱储热量降低。所以系统热效率在冷热水进口速度为 1m/s 的时候最大，一般可以在冷热水进口处设置电子控制阀来控制流速。从图中还可以看出。为了获得最大的出口水温，冷热水混合出口在垂直布置上应位于水箱顶部 1/10 水箱高度处。

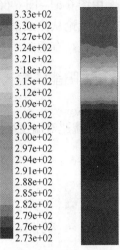

图 6-71   储热水箱温度云图（工况五：60℃）

6.6.2   进口水温对温度场的影响

图 6-71～图 6-73 给出了不同进口水温度下的温度场模拟。由图 6-71～图 6-73 分析可知，随着冷热水进口温度的升高，储热水箱内的温度场[19,20]并无明显变化，温度分层也无明显加深或降低，所以单纯提高进口温度对提高储热水箱出口温度没有直接影响，而且提高热水的进口温度意味着太阳能集热器的出水温度需要提高，需要增加集热器面积或者集热器台数，工程费用会提高。所以为了提高系统热效率，增强温度分层效果，应主要控制冷热水进口流速。

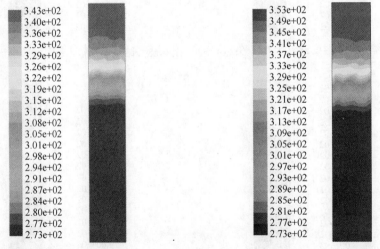

图 6-72   储热水箱温度云图（工况六：70℃）   图 6-73   储热水箱温度云图（工况七：80℃）

6.7   小结

利用 ANYSY 有限元软件分别对 CO_2 活塞压缩机曲柄连杆机构和 CO_2 涡旋压

缩机涡盘进行了应力和应变分析，确定了连杆危险应力及应变集中位置和数值，确定了涡盘位移变形和应力变形位置和数值，对压缩机的设计和运动部件的优化具有重要的意义。

利用 Fluent 软件分别对 CO_2 三管径套管式气体冷却器、R134a/R1234yf 冷凝器和回热器进行了模拟，研究了温度、流量和速度等参数对换热器性能的影响；通过 Fluent 软件对太阳能压缩式热泵系统中的储热水箱内的温度场进行了模拟，分析了不同进口流速和不同进口温度下储热水箱内的温度场变化，为储热水箱的优化设计提供资料。

参 考 文 献

[1] 辛文彤，李志尊，胡仁喜 . ANSYS13.0 热力学有限元分析从入门到精通 [M]. 北京：机械工业出版社，2011.

[2] 侯秀娟 . CO_2 跨临界循环压缩机的性能研究 [D]. 唐山：河北联合大学，2012.

[3] Rodrigo Link, Cesar J. Deschamps. Numerical modeling of startup and shutdown transients in reciprocating compressors [J]. International Journal of Refrigeration, 2011, 34 (6): 1398~1414.

[4] Haisheng Li, Yinghua Chen, Kaibo Wu, et al. Experimental study on influencing factors of axial clearance for scroll compressor [J]. International Journal of Refrigeration, 2015 (54): 38~44.

[5] Yang L, Ching H, Yu Ch. Study on involute of circle with variable radii in a scroll compressor [J]. Mechanism and Machine Theory, 2010, 45 (11): 1520~1536.

[6] 中华人民共和国国家质量监督检验检疫总局 . GB/T 18429—2001，全封闭涡旋式制冷压缩机 [S]. 北京：中国标准出版社，2001.

[7] 陈进，陈亚娟，王立存 . 新型组合曲线涡旋压缩机容积特性研究 [J]. 压缩机技术，2007 (1): 8~11.

[8] Zhao Y, Li L, Wu H. Research on the reliability of a scroll compressor in a heat pump system [J]. Power and Energy, 2004, 218 (6): 429~435.

[9] Chiachin Lin, Yuchoung Chang, Kunyi Liang, etal. Temperature and thermal deformation analysis on scrolls of scroll compressor [J]. Applied Thermal Engineering, 2005, 25 (11, 12): 1724~1739.

[10] Chang-Hyo Son, Seung-Jun Park. An experimental study on heat transfer and pressure drop characteristics of carbon dioxide during gas cooling process in a horizontal tube [J]. International Journal of Refrigeration, 2006 (29): 539~546.

[11] 顾昊翔，李敏霞，王凯建，等 . 超临界 CO_2 层积式微通道气体冷却器的研究 [J]. 机械工程学报，2014, 50 (10): 155~162.

[12] Claudio Zilio, Simone Mancin. Shell and tube carbon dioxide gas coolers-experimental results and modelling [J]. International Journal of Refrigeration, 2015 (56): 224~234.

[13] 刘慧琴. 高效 CO_2 热泵热水器性能研究 [D]. 唐山: 河北联合大学, 2014.

[14] 温正. Fluent 流体计算应用教程 [M]. 北京: 清华大学出版社, 2013.

[15] 马小明, 钱颂文, 朱冬生. 管壳式换热器 [M]. 北京: 中国石化出版社, 2010.

[16] Honghyun Cho, Hoseong Lee, Chasik Park. Performance characteristics of an automobile air conditioning system with internal heat exchanger using refrigerantR1234yf [J]. Applied Thermal Engineering, 2013, 61 (2): 563~569.

[17] Stefan Schimpf, Roland Span. Simulation of a solar assisted combined heat pump−Organic rankine cycle system [J]. Energy Conversion and Management, 2015 (102): 151~160.

[18] Yanjun Dai, Xian Li, Ruzhu Wang. Theoretical Analysis and Case Study on Solar Driven Two-stage Rotary Desiccant Cooling System Combined with Geothermal Heat Pump [J]. Energy Procedia, 2015 (70): 418~426.

[19] Recep Yumrutaş, Mazhar Ünsal. Energy analysis and modeling of a solar assisted house heating system with a heat pump and an underground energy storage tank [J]. Solar Energy, 2012, 86 (3): 983~993.

[20] Luca Molinaroli, Cesare M. Joppolo, Stefano De Antonellis. Numerical Analysis of the Use of R-407C in Direct Expansion Solar Assisted Heat Pump [J]. Energy Procedia, 2014 (48): 938~945.

7 太阳能压缩式热泵性能研究

7.1 系统介绍

本章对串联式太阳能压缩式热泵和并联式太阳能压缩式热泵进行了分析研究。需要说明的是压缩式热泵有水源热泵、空气源热泵、地源热泵等类型[1]。由于串联式系统中的压缩式热泵以水为驱动热源，所以选用水源热泵。并联式系统中太阳能集热器与压缩式热泵互为并联回路，所以压缩式热泵选用空气源热泵[2]。图 7-1 和图 7-2 所示分别为串联式系统与并联式系统流程图。

图 7-1 所示的串联式太阳能压缩式热泵系统中，通过平板式太阳能集热器吸收太阳辐射能，从太阳能集热器流出的热水首先进入储热水箱，经过与冷水混合之后，达到一定温度流出到压缩式热泵的蒸发器部件，制冷剂在蒸发器内与水箱中供给的水进行相变换热[3]，之后进入压缩机进行绝热压缩，从压缩机出来的高温、高压气体进入冷凝器，通过制冷剂的冷凝放热与用户端进行换热，之后制冷剂经由节流阀降压再回到蒸发器完成整个循环。水箱中设置了一个温度传感器，这是为了储热水箱中流出的热水温度过高，在蒸发器中与热泵中制冷剂工质换热的时候可能导致热泵无法工作，当储热水箱中的温度高于一定值的时候，泵1 停止工作，太阳能集热器停止向水箱蓄热，当水箱温度降低的时候，泵 1 重新开始工作，继续使太阳能集热器向水箱蓄热。

图 7-2 所示的并联式太阳能压缩式热泵系统中，平板集热器与空气源热泵互为并联回路，两者共同向水箱供给热量[4]。并联式系统的水箱中也设置了一个温度传感器，当太阳能辐射强度比较高，太阳能集热器向水箱中供给的热量就可以满足用户热需求的时候（即水箱中温度达到供暖要求65℃左右），空气源热泵停止工作；当太阳能辐射强度比较低，仅靠太阳能集热器无法满足供热需求的时候，空气源热泵开始工作，向水箱中蓄热。由于空气源热泵所利用的驱动热源为空气，在冬季室外温度特别低的时候，可能会导致无法工作[5]。通过查阅唐山的冬季气温，最低温度为−13℃左右，在这个温度的时候，空气源热泵可以工作。

通过平板式太阳能集热器吸收太阳辐射能，从太阳能集热器流出的热水首先进入储热水箱，经过与冷水混合之后，达到一定温度流出到压缩式热泵的蒸发器，制冷剂在蒸发器内与水箱中供给的水进行相变换热[6]，之后进入压缩机进行绝热压缩。

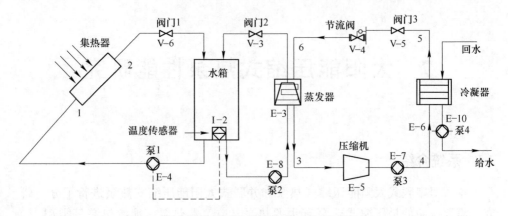

图 7-1　串联式太阳能压缩式热泵系统

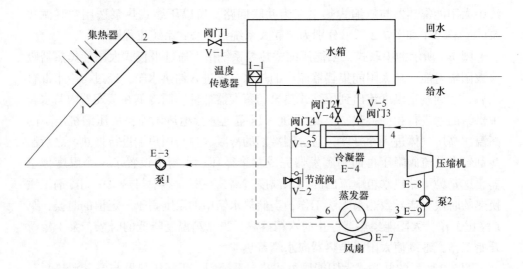

、图 7-2　并联式太阳能压缩式热泵系统

7.2　部件模型及系统效率

7.2.1　平板集热器

7.2.1.1　基本构成

太阳能集热器是将太阳辐射能转变为可以有效利用能量的关键部件[7]，能量获得的多少与当地气象条件和太阳能集热器类型有着紧密的关系。

太阳能集热器主要分为平板式太阳能集热器和真空管式太阳能集热器两大

类[8]。其中平板式集热器主要适用于低温利用，结构简单，安装方便。表7-1为某厂家平板集热器性能参数。

表 7-1　某厂家平板集热器性能参数

水泵功率/kW	水箱容量/L	集热器数量	集热面积/m²	净重/kg
0.093	500	5	10	150
额定工作压力/MPa	外壳材质	密封条材质	玻璃盖板材质	绝热材料
≤0.6	铝型材 6063/T5	三元一丙	超白布纹钢化玻璃	玻纤维
绝热材料厚度/mm	主流道规格/mm	支流道规格/mm	吸热板材质	集热器管口尺寸/mm
35	25×0.75	10×0.5	铜铝复合	25

吸热板是吸收太阳辐射能并向传热工质传递热量的部件。对吸热板有以下主要技术要求[9]：太阳吸收比高，吸热板可以充分地吸收太阳辐射能；热传递性能好，吸热板吸收的热量可以最大限度地传递给传热工质；一定的承压能力，便于将集热器与其他部件连接组成太阳能组合系统；加工工艺简单，便于大规模生产及推广应用。

盖板是平板型集热器中覆盖吸热板的板状部件。它的功能有三个：一是透过太阳辐射，使吸热板吸热；二是保护吸热板，使其不受气候条件的影响；三是防止热量散失。

隔热层是防止吸热板向环境散失热量的部件。对隔热层的技术要求：根据隔热层的功能，要求隔热层的传热热阻大，结构强度大，不能产生有害气体。

外壳是保护及固定吸热板、透明盖板和隔热层的部件。对外壳的技术要求：根据外壳的功能，要求外壳有一定的强度和刚度，有较好的密封性及耐腐蚀性。

7.2.1.2　能量方程及热损失

A　能量方程

根据能量守恒定律，在稳定状态下，集热器在单位时间内输出的能量等于单位时间内集热器吸收的太阳辐照能减去集热器通过导热损失的能量[10]，即：

$$Q_U = Q_A - Q_L \tag{7-1}$$

式中　Q_U——集热器输出的有用能量，W；

Q_A——同一时段内入射在集热器上的太阳辐照量，W；

Q_L——同一时段内集热器对周围环境散失的能量，W。

B　热损失方程

当集热器的吸热板温度高于环境温度时，集热器吸收的太阳辐射能会有一部分要散失到周围环境中去。图 7-3 为平板集热器热损失示意图。

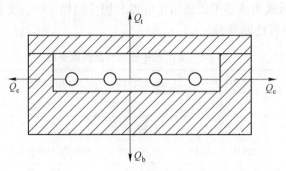

图 7-3　平板集热器热损失图

如图 7-3 所示，平板型集热器总散热损失由底部散热损失、顶部散热损失和侧面散热损失三部分组成，即：

$$Q_L = Q_t + Q_b + Q_e = A_t U_t (t_p - t_a) + A_b U_b (t_p - t_a) + A_e U_e (t_p - t_a) \quad (7\text{-}2)$$

式中　Q_t，Q_b，Q_e——顶部、底部、侧面散热损失，W；

$\quad\quad$ U_t，U_b，U_e——顶部、底部、侧面热损失系数，W；

$\quad\quad$ A_t，A_b，A_e——顶部、底部、侧面面积，m^2。

C　热损失系数

集热器总热损失系数定义为：集热器中吸热板与周围环境的平均传热系数。

a　顶部热损失系数 U_t

$$U_t = \left[\frac{N}{\frac{344}{T_p} \times \left(\frac{T_p - T_a}{N + f} \right)^{0.31}} + \frac{1}{h_w} \right]^{-1} + \frac{\sigma (T_p + T_a) \times (T_p^2 + T_a^2)}{\frac{1}{\varepsilon + 0.0425N(1 - \varepsilon_p)} + \frac{2N + f - 1}{\varepsilon_g}} - N$$

$$(7\text{-}3)$$

$$f = (1 - 0.04 h_w + 5 \times 10 - 4 h_w^2) \times (1 + 0.058N) \quad (7\text{-}4)$$

$$h_w = 5.7 + 3.8 v \quad (7\text{-}5)$$

式中　N——透明盖板层数；

$\quad\quad$ T_p——吸热板温度，K；

$\quad\quad$ T_a——环境温度，K；

$\quad\quad$ ε_p——吸热板的发射率；

$\quad\quad$ ε_g——透明盖板的发射率；

$\quad\quad$ h_w——环境空气与透明盖板的对流换热系数，W/($m^2 \cdot$ K)；

$\quad\quad$ v——环境风速，m/s。

b　底部热损失系数 U_b

$$U_b = \frac{\lambda}{\delta} \quad (7\text{-}6)$$

式中　λ——隔热层材料的导热系数，$W/(m^2 \cdot K)$；

　　　δ——隔热层的厚度，m。

c　侧面热损失系数 U_e

$$U_e = \frac{\lambda}{\delta} \tag{7-7}$$

D　效率方程

a　集热器效率因子 F'[11]

$$F' = \frac{\dfrac{1}{U_L}}{W\left\{\dfrac{1}{U_L[D + (W - D)F]}\right\} + \dfrac{1}{C_b} + \dfrac{1}{\pi D_i h_{f,i}}} \tag{7-8}$$

式中　W——排管的中心距，m；

　　　D——排管的外径，m；

　　　D_i——排管的内径，m；

　　　U_L——集热器总热损失系数，$W/(m^2 \cdot K)$；

　　　$h_{f,i}$——传热工质与管壁的换热系数，$W/(m^2 \cdot K)$；

　　　F——翅片效率；

　　　C_b——结合热阻，$W/(m^2 \cdot K)$。

b　集热器效率方程[12]

$$\eta_c = \frac{Q_u}{A_c I_c} = F_R\left[(\tau\alpha)_e - U_L \frac{t_i - t_a}{G_T}\right] = F_R(\tau\alpha)_e - F_R U_L \frac{t_i - t_a}{G_T} \tag{7-9}$$

式中　A_c——集热器面积，m^2；

　　　I_c——太阳辐射强度，$kJ/(m^2 \cdot h)$。

$$A_c = \frac{Q_w c_p \rho_r (t_{end} - t_L) f}{J_T \eta_{cd}(1 - \eta_L)} \tag{7-10}$$

式中　A_c——直接式太阳能集热器总面积，m^2；

　　　Q_w——日平均用水热量，L；

　　　c_p——水的定压比热容，取值为 $4187J/(kg \cdot ℃)$；

　　　ρ_r——热水密度，kg/L；

　　　t_{end}——蓄水箱内水的终止设计温度，℃；

　　　t_L——水的初始温度，℃；

　　　J_T——当地集热器总面积上年日平均或月平均太阳能辐射量，kg/m^2；

　　　f——太阳能保证率，无纲量，根据经验取值 $0.30 \sim 0.80$；

　　　η_{cd}——集热器年或月平均集热效率，无纲量，根据经验取值 $0.25 \sim 0.50$；

η_L ——管路及蓄水箱热损失率，无量纲，根据经验取值 0.25~0.30。

7.2.2 储热水箱

本小节采用储热水箱的简化模型，储热水箱为混合型水箱，水泵使水在水箱内强烈混合，可以假设整个水箱有一个平均温度[13]。将水箱整体看成是一个控制体，水箱获得的热量减去水箱供给热用户或者水源热泵蒸发器的热量和向环境的热损失便是储热水箱的能量增加。写成数学形式是[14]：

$$(mc_p)_s \frac{dT_s}{d\tau} = F_1 m_H c_p (T_{s,i} - T_s) - F_2 m_L (T_s - T_L) - UA (T_s - T_a)$$

(7-11)

式中 F_1, F_2——控制函数，取值为 1 或 0；

m——储热水箱水的质量，kg；

m_H——供给储热水箱热量的管路质量流量，kg/s；

m_L——从储热水箱取走热量的管路质量流量，kg/s；

c_p——水的定压比热容，J/(kg·℃)；

$T_{s,i}$——储热水箱的进口水温，℃；

T_s——储热水箱的温度，℃；

T_L——水箱供给热负荷或水源热泵蒸发器的回水温度，℃；

T_a——环境温度，℃；

U——储热水箱的热损失系数，W/(m²·℃)；

A——水箱的表面积，m²。

式 (7-11) 中，右边第一项为储热水箱获得的集热器供给的热量，第二项为水箱传递至负荷的热量（热用户或者水源热泵蒸发器），第三项为储热水箱向环境散失的热量。公式左边是储热水箱的能量增加（焓增）。F_1、F_2 是表示水泵工作状态的控制函数，具体反映在储热水箱中的温度传感器。在串联式系统中表现为当太阳能集热器向储热水箱蓄热时，$F_1=1$；反之，$F_1=0$。在并联式系统中表现为当空气源热泵向储热水箱供热时，$F_1=1$；反之，$F_1=0$。

7.2.3 蒸发器

通常情况下，在热泵系统稳定运行后，制冷剂进入蒸发器的状态为干度很低的气液两相状态。在蒸发器内逐渐受热蒸发，最后变成过热气体离开蒸发器。建立蒸发器的稳态分布参数模型，在制冷剂受热面包含两个状态区，分别是两相区和过热区。假设：

(1) 管壁在径向温度梯度为零，且忽略管壁热阻。

(2) 换热介质与制冷剂换热为逆流换热。

（3）忽略管道内压降与阻力。

制冷剂与驱动热源换热吸收热量后的焓增[15]：

$$Q_{eva} = m_r(h_{r3} - h_{r6}) = a_i A_i(T_w - T_{rm}) \tag{7-12}$$

式中　a_i——制冷剂侧对流换热系数；

　　　T_w——管壁温度；

　　　A_i——管道内侧表面积；

　　　T_{rm}——制冷剂平均温度，即管道进口与出口制冷剂温度的算术平均值；

h_{r3}，h_{r6}——蒸发器进出口的制冷剂比焓。

水/空气换热方程：

$$Q_a = m_a(h_{a1} - h_{a2}) = \xi a_{os} A_o(T_{am} - T_w) \tag{7-13}$$

若水为换热介质，即对应的是串联式系统中的水源热泵蒸发器。式中 a_{os} 为水侧的对流换热系数；ξ 为析湿系数[16]；T_{am} 为蒸发器进、出口水的平均温度；h_{a1}，h_{a2} 为进出口水的比焓。

若空气为换热介质，即对应的是并联式系统中的空气源热泵蒸发器。式中 a_{os} 为空气侧的对流换热系数；ξ 为析湿系数；T_{am} 为蒸发器进、出口空气的平均温度。

制冷剂侧与换热介质侧空气/水与热平衡关系式：

$$Q_a = \gamma Q_{eva} \tag{7-14}$$

式中　γ——漏热系数（制冷剂与水/空气换热不完全），一般取 0.9，不过在模拟计算中近似认为制冷剂与换热介质换热完全，忽略热损失。

7.2.4 压缩机

压缩机是蒸气压缩式热泵的驱动力，有压缩和输送制冷剂的作用[17]，是整个压缩式热泵系统的心脏。

输入理论功：

$$W_{com} = m_r(h_{r4} - h_{r3}) \tag{7-15}$$

式中　h_{r3}，h_{r4}——分别为压缩机进、出口工质比焓，kJ/kg。

输入有效功：

$$W_e = \frac{W_{com}}{\eta_m \eta_i \eta_a} \tag{7-16}$$

式中　η_m——机械效率，取 0.85；

　　　η_i——内效率，取 0.8；

　　　η_a——电机效率，取 0.96。

7.2.5 冷凝器

冷凝器为热泵对热用户进行供暖的主要部件，为简化计算采用稳态分布参数模型进行计算[18]。

　　冷凝器管道内简化模型如图7-4所示。从图中可以看出，管道内共分为三个区域：过冷区、两相区和过热区。当供暖时制冷剂先进入过热区，制冷时制冷剂先进入过冷区，通过改变制冷剂在系统管道内的流向就可以完成上述过程。为简化计算，忽略制冷剂在管道内压降和换热时通过管道向外界散失的热量。

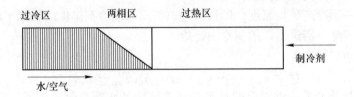

图7-4　冷凝器管道内简化模型示意图

换热介质侧（空气或水）对流换热方程：

$$Q_a = m_a(h_{a2} - h_{a1})\qquad(7\text{-}17)$$

制冷剂对流换热方程：

$$Q_{con} = m_r(h_{r4} - h_{r5})\qquad(7\text{-}18)$$

冷凝器管外与热用户换热过程近似认为是完全换热，不存在热量损失，即：

$$Q_a = Q_{con}\qquad(7\text{-}19)$$

式中　Q_{con}，Q_a——分别为制冷剂侧和换热介质侧的对流换热量；

　　　　h——焓值；

　　　　m——质量流量；

　　　　h_{r4}，h_{r5}——分别为冷凝器进、出口的制冷剂比焓。

7.2.6　节流阀

　　节流阀在压缩式热泵中起到了调节流入蒸发器的制冷剂流量和降压节流的作用。节流阀的模型[19]较为简单。

　　能量方程：

$$m_r h_{r5} = m_r h_{r6}\qquad(7\text{-}20)$$

式中　h_{r5}，h_{r6}——分别为节流阀制冷剂进、出口焓值。

7.2.7　系统效率

　　系统制热性能系数COP：

$$COP = \frac{Q_{hs}}{W_{com}}\qquad(7\text{-}21)$$

式中　Q_{hs}——系统热负荷；

W_{com}——压缩机耗功。

热泵效率：

$$\eta_{hs} = \frac{Q_{hs}}{W_{com} + m_r(h_{r3} - h_{r6})} \qquad (7-22)$$

式中　Q_{hs}——系统热负荷；

　　　m_r——热泵制冷剂流量。

系统热效率：

$$\eta_{sys, t} = \frac{Q_{hs}}{A_c I_c + W_{com}} \qquad (7-23)$$

7.3　程序设计及参数的确定

7.3.1　程序设计

由于压缩式热泵与吸收式热泵不同，制冷剂为单一工质，各状态点的参数比较容易确定。在此次模拟中存在的问题是：本次模拟分析针对的是串联式太阳能压缩式热泵系统和并联式太阳能压缩式热泵系统，串联式系统驱动热源为由太阳能集热器供热的储热水箱，需要根据水箱温度来确定蒸发温度；并联式系统驱动热源为空气，需要查阅当地供暖季的气温，从而来确定蒸发温度。串联式系统水箱温度由于只是为蒸发器提供热源，温度不能过高，否则会造成蒸发压力太高，造成高低压差太小，小于压缩机稳定运行的最小压差，压缩机无法启动。而并联式系统水箱是直接参与供暖的，需要维持在60℃左右，热量由热泵与太阳能集热器共同供给，当水箱温度过低无法满足供暖需求时，空气源热泵启动。

另外，需要对系统运行过程做如下假设[20]：

（1）忽略管道的热阻。

（2）制冷剂在管道内的流动是沿轴的一维流动。

（3）管道均水平放置，故忽略重力影响。

（4）制冷剂气液两相处于热力平衡，气液两相具有相同的饱和压力和温度，不存在亚稳态。

（5）制冷剂气液两相理想混合，具有相同流速，不考虑相间的滑移。

（6）忽略能量耗散功及压力梯度所做的功。

（7）水在太阳能集热器管道中流动不考虑冬季结冰和集热器表面结霜等问题。

（8）串联式和并联式两种太阳能压缩式热泵稳定运行。

（9）太阳能集热器位置处于吸收太阳辐射能最佳倾角状态。

以往的循环性能分析多采用购买国外专用软件,不但使用范围有限,而且价格昂贵。本章采用通用 Visual Basic 软件,分别开发了串联式和并联式两种太阳能压缩式热泵性能计算软件平台,进而对热泵系统性能进行分析,可为相关研究提供基础资料。图 7-5 所示为程序设计流程图。

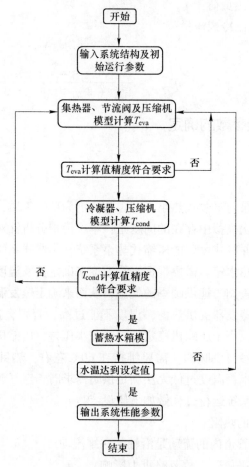

图 7-5　程序设计流程图

7.3.2　程序运行界面

基于前面章节的分析,串联式和并联式两种太阳能压缩式热泵分别采用 R134a、R1234yf 和 R744 三种制冷剂。

默认参数:热负荷 400kW/h;冬季室外平均风速 3.0m/s;串联式热泵系统集热器面积 1790m²;并联式热泵系统集热器面积 716m²。图 7-6 和图 7-7 所示分别为串联式太阳能压缩式热泵和并联式太阳能压缩式热泵程序运行界面。

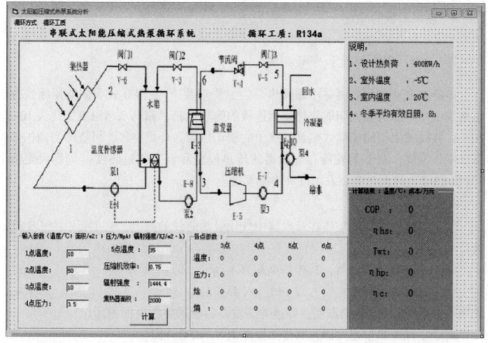

图 7-6　串联式太阳能压缩式热泵程序运行界面

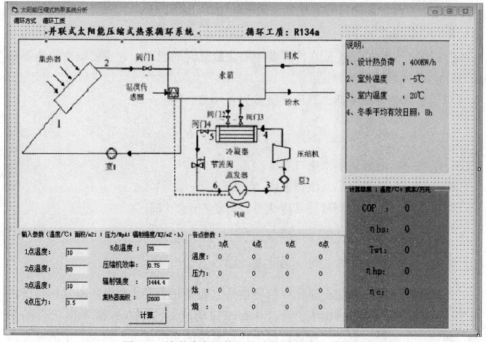

图 7-7　并联式太阳能压缩式热泵程序运行界面

7.3.3　热泵参数的确定

7.3.3.1　蒸发温度和冷凝温度

冷凝温度和蒸发温度是压缩式热泵的主要参数[21]。串联式太阳能压缩式热泵系统驱动热源为与太阳能集热器相连接的储热水箱，储热水箱温度变化为10~20℃；并联式太阳能压缩式热泵系统中的驱动热源为环境空气，可查阅当地供暖季节室外温度。基于蒸发器和冷凝器的传热模型和设定的过热度（分别设定为5℃和8℃），进而确定蒸发温度和冷凝温度。

A　蒸发温度 t_e

蒸发温度为制冷剂工质在蒸发器中气化吸热时候的温度，它主要取决于驱动热源的温度。

对于水源热泵蒸发器，其传热温差为4~6℃，即：

$$t_e = t_s - (4 \sim 6) \tag{7-24}$$

式中　t_s——储热水箱的温度，即进入蒸发器的驱动热源温度,℃。

对于空气源热泵蒸发器，其传热温差为8~12℃，即：

$$t_e = t_a - (8 \sim 12) \tag{7-25}$$

式中　t_a——蒸发器进口的室外空气的干球温度,℃。

B　冷凝温度 t_c

冷凝温度为制冷剂工质在冷凝器中液化放热时的温度，它主要取决于热源介质（水）和冷凝器的型号。

对于水源热泵冷凝器，其传热温差为4~6℃，即：

$$t_c = \frac{t_{s1} + t_{s2}}{2} + (4 \sim 6) \tag{7-26}$$

式中　t_{s1}——冷凝器供热水进口温度,℃；

　　　t_{s2}——冷凝器供热水出口温度,℃。

对于空气源热泵冷凝器，其传热温差为5~10℃，即：

$$t_c = t_a - (5 \sim 10) \tag{7-27}$$

7.3.3.2　压缩式热泵制冷剂质量流量

串联式系统热负荷完全是由冷凝器供给，而并联式系统热泵冷凝器热负荷贡献率[22]为60%，即240kW/h。通过计算单位质量制冷剂在冷凝器进出口的焓差，再用热负荷除以焓差，便可以得出热泵系统的质量流量。热泵采用的制冷剂为R134a、R1234yf 和 R744，以 R134a 为例计算质量流量。

压缩式热泵选用制冷剂 R134a，压缩机等熵效率为 0.75，蒸发温度 t_e 为 10℃，冷凝温度 t_c 为 50℃，排气压力为 3.5MPa，热泵系统各部件热平衡为：

（1）压缩机：

$$w_{com} = h_4 - h_3 = 305.1 - 256.2 = 48.9\text{kJ/kg} \qquad (7\text{-}28)$$

（2）冷凝器：

$$q_{con} = h_4 - h_5 = 305.1 - 100.7 = 204.4\text{kJ/kg} \qquad (7\text{-}29)$$

（3）节流阀：

$$q_{tho} = h_5 = h_6 \qquad (7\text{-}30)$$

（4）蒸发器：

$$q_{eva} = h_3 - h_6 = 256.2 - 100.7 = 155.5\text{kJ/kg} \qquad (7\text{-}31)$$

计算得串联式热泵系统制冷剂质量流量为 1.9kg/s，并联式系统质量流量 1.16kg/s。与 R134a 类似，计算 R1234yf 和 CO_2 的质量流量分别为：串联 1.74kg/s，并联 1.04kg/s；串联 0.97kg/s，并联 0.58kg/s。

7.4　太阳能热泵系统性能分析

7.4.1　串联式系统性能分析

7.4.1.1　辐射强度变化

给定集热器入口温度为 10℃，蒸发器出口温度为 15℃，R134a 和 R1234yf 制冷剂压缩机排气压力为 3.5MPa，CO_2 制冷剂压缩机排气压力为 7.5MPa，冷凝器出口温度为 35℃，压缩机效率为 0.75，研究太阳能辐射强度变化对热泵系统性能的影响。

太阳能压缩式热泵系统热效率随辐射强度的变化如图 7-8 所示。随着辐射强度的增加，三种工质的热泵系统热效率均随着辐射强度的增加而降低。在热泵系统热效率变化范围内，CO_2 制冷剂（R744）的热泵系统热效率最高，R134a 制冷剂热泵系统热效率最低，R1234yf 制冷剂热泵系统热效率介于两者之间，但 R134a 和 R1234yf 两种制冷剂热泵系统热效率并无明显差别，这与两种制冷剂的性能相近是有关的。

图 7-9 给出了太阳能辐射强度对压缩式热泵蓄热水箱温度的影响。无论是 R134a 热泵系统，或是 R1234yf 热泵系统，还是 R744 热泵系统，随着辐射强度的增加，三种热泵系统蓄热水箱的温度均近似线性升高，且三种热泵系统水箱温度差别很小。在串联式热泵系统中，考虑到蓄热水箱作为热泵系统中蒸发器的取热设备，为减小传热损失，应尽可能地缩小蒸发器内制冷剂温度和取热热源换热温差。因而，蓄热水箱的温度不能过高，可用增大循环水流量或减小集热器面积实现水箱温度的控制。

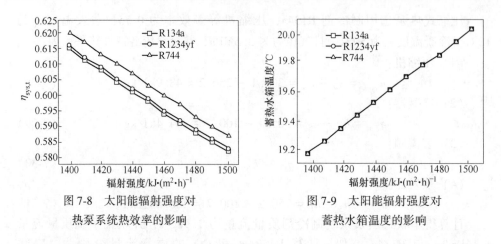

图 7-8　太阳能辐射强度对
热泵系统热效率的影响

图 7-9　太阳能辐射强度对
蓄热水箱温度的影响

　　如果不考虑蓄热水箱作为热泵蒸发器的取热作用，图 7-10 给出了太阳能辐射强度对压缩式热泵蓄热水箱温度的影响。在辐射强度变化范围内，蓄热水箱的温度近似线性增加，在辐射强度超过 $1500kJ/(m^2 \cdot h)$ 后，水箱的温度会高于 80℃。夏季南方太阳能热水器热水温度甚至达到 90℃ 以上，这对集热器安全运行不利。

　　图 7-11 给出了太阳能辐射强度对集热器效率的影响。无论是 R134a 热泵系统，或是 R1234yf 热泵系统，还是 R744 热泵系统，随着辐射强度的增加，三种太阳能热泵系统集热器效率均近似线性升高，且三种集热器效率差别很小。影响集热器效率的因素主要有吸热板的材料和结构、选择性吸收涂层、透明盖板材料、太阳辐照度、太阳入射角、集热器表面积尘以及流体工质属性等。

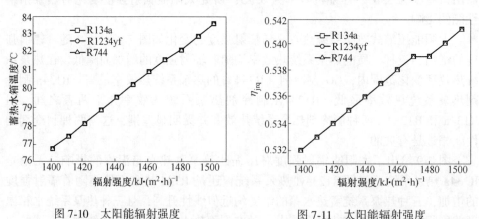

图 7-10　太阳能辐射强度
对蓄热水箱温度的影响

图 7-11　太阳能辐射强度
对集热器效率的影响

　　图 7-12 给出了不同时刻太阳能辐射强度对水箱温度的影响，由于太阳能辐射强度在一天之中是随着时间变化的，因此将时刻作为横轴，每一个时刻都对应

着相应的辐射强度。由图可知，储热水箱温度在 12：00 时达到最大值 20℃。基于前面太阳能辐射强度的计算，从上午 8：00 开始太阳能辐射强度逐渐增大，到 12：00 时最大，同时对应的水温也达到最大值，12：00 之后水温开始下降，到 16：00 之前下降速度相对较慢。在 16：00 之后，由于此时太阳能辐射强度很小，储热水箱温度下降速度相对之前变快。考虑到蓄热水箱作为热泵系统中蒸发器的取热设备，蓄热水箱温度由于温度传感器的存在，最高没有超过 20℃，这样可以避免蒸发压力太高，造成高低压差太小，小于压缩机稳定运行的最小压差，压缩机无法启动。

图 7-13 给出了不同时刻太阳能辐射强度对集热器效率的影响。由图可以看出，集热器效率在一天内是随着太阳能辐射强度先降后增的，热负荷一定时，太阳能辐射强度越大，集热器效率越小。分析其原因，当太阳能辐射强度很高的时候，吸热盖板和玻璃盖板的温度很高，同时通过对流换热向外界散失的热量也越高，导致太阳能集热器效率降低。

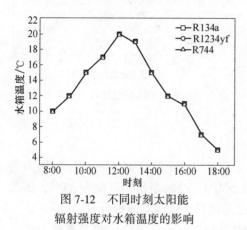 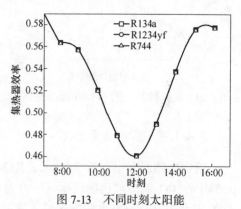

图 7-12　不同时刻太阳能
辐射强度对水箱温度的影响

图 7-13　不同时刻太阳能
辐射强度对集热器效率的影响

7.4.1.2　集热器出口温度变化

给定集热器入口温度为 10℃，蒸发器出口温度为 15℃，R134a 和 R1234yf 制冷剂压缩机排气压力为 3.5MPa，CO_2 制冷剂压缩机排气压力为 7.5MPa，冷凝器出口温度为 35℃，压缩机效率为 0.75，太阳能辐射强度为 $1444kJ/(m^2 \cdot h)$，研究集热器出口温度变化对热泵系统性能的影响，结果如图 7-14 和图 7-15 所示。

图 7-14 给出了集热器出口温度对蓄热水箱温度的影响。随着集热器出口温度的增加，串联式太阳能压缩式热泵系统蓄热水箱的温度近似线性升高。当集热器出口温度超过 70℃时，蓄热水箱的温度已经超过了 85℃。较高的集热器出口温度对获取较高的太阳能热泵热水有利，但对集热器的安全运行以及减小蓄热水

箱的热损失不利。因而，集热器出口温度不能过高，可用增大循环水流量、增加流速或减小集热器面积实现对集热器温度的控制。

图 7-15 给出了集热器出口温度对集热器瞬时热效率[23,24]的影响。随着集热器出口温度的增加，串联式太阳能压缩式热泵系统的集热器瞬时热效率近似线性升高。当集热器出口温度超过 70℃时，集热器瞬时热效率已经超过了 57%。较高的集热器出口温度对提高集热器瞬时热效率有利，进而获取较高的太阳能热泵热水。但集热器出口温度过高，对集热器的安全运行不利，同时也会加大蓄热水箱的热损失。

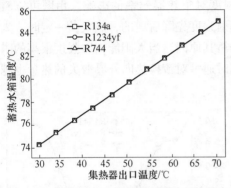

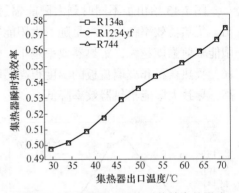

图 7-14　集热器出口温度对水箱温度的影响　　　图 7-15　集热器出口温度对热效率的影响

7.4.1.3　蒸发温度变化

给定集热器入口温度为 10℃，R134a 和 R1234yf 制冷剂压缩机排气压力为 3.5MPa，CO_2 制冷剂压缩机排气压力为 7.5MPa，冷凝器出口温度为 35℃，压缩机效率为 0.75，研究太阳能热泵蒸发温度变化对系统性能的影响。

图 7-16 给出了蒸发温度对热泵性能的影响。无论是 R134a 热泵系统，或是 R1234yf 热泵系统，还是 CO_2 热泵系统，随着蒸发温度的增加，三种制冷剂热泵系统性能均增加。R134a 和 R1234yf 热泵系统性能比较接近，其性能优于 CO_2 热泵性能。分析其原因，CO_2 热泵节流压差比 R134a 和 R1234yf 两种热泵节流压差高很多，使得 CO_2 热泵节流损失比 R134a 和 R1234yf 热泵节流损失大很多，在给定的供暖热负荷条件下，CO_2 热泵压缩机耗功比另外两种热泵功耗大，因而造成了 CO_2 热泵系统 *COP* 值较低。为克服这一问题，CO_2 热泵系统可以采用膨胀机代替节流阀回收膨胀功或采用双级压缩。

图 7-17 给出了蒸发温度对系统热效率的影响。无论是 R134a 热泵系统，或是 R1234yf 热泵系统，还是 R744 热泵系统，随着蒸发温度的增加，三种制冷剂热泵系统热效率均增加。R134a 和 R1234yf 热泵系统性能比较接近，其性能优于 CO_2 热泵性能。原因也是 CO_2 热泵节流损失比 R134a 和 R1234yf 热泵节流损失大

很多，在给定的供暖热负荷条件下，进而增加了 CO_2 热泵压缩机耗功，造成了 CO_2 热泵系统热效率较低。可以采用 CO_2 膨胀机代替节流阀回收膨胀功[25] 或采用 CO_2 双级压缩[26~28]。

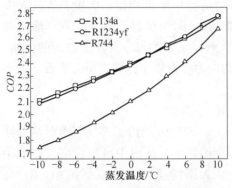

图 7-16　蒸发温度对热泵性能的影响

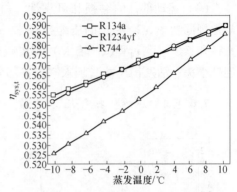

图 7-17　蒸发温度对系统热效率的影响

　　图 7-18 给出了蒸发温度对热泵效率的影响。由图可以看出，无论是 R134a 热泵系统，或是 R1234yf 热泵系统，还是 R744 热泵系统，随着蒸发温度的增加，三种制冷剂热泵系统效率均增加。R134a 和 R1234yf 热泵系统效率比较接近，其性能均优于 CO_2 热泵性能。热泵效率是一个表征热泵向外界放热能力的指标，由压缩机耗功和蒸发器吸热共同供给的能量能否被完全吸收衡量。当热负荷一定的情况下，

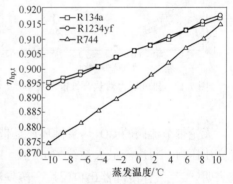

图 7-18　蒸发温度对热泵效率的影响

蒸发温度越高，传热温差就越小，热损失也越小，因而热泵系统效率也越高。压缩机对比而言，R134a 和 R1234yf 制冷剂热泵用压缩机压差大、压比小，CO_2 热泵用压缩机压差大、压比小，导致 CO_2 压缩机内部泄漏损失、摩擦损失和流动损失等均比普通制冷剂压缩机损失大。因而 CO_2 热泵系统需有专用压缩机。

　　在 CO_2 专用压缩机设计时，主要考虑以下问题：

　　（1）工作压力高、压比小和压差大。因此，对压缩机材料的强度和刚度要求比较严格。

　　（2）运动部件间隙控制严格。CO_2 跨临界循环运行压力高，要求压缩机间隙要比常规压缩机间隙小，可以有效减少泄漏，但摩擦损失会变大。另外，高压条件下，压缩机部件可能产生周期变形或永久变形，使配合间隙很难达到初始设计

值。合理优化间隙尺寸数值，协调摩擦损失和泄漏损失的矛盾，显得十分重要。

（3）润滑问题需要很好解决。较高的排气温度、高压力、大压差工作条件下油路的设计需认真考虑，以保证润滑油的正常润滑功能。

（4）运动部件的磨损和可靠性。与普通活塞压缩机相比，曲轴、连杆大头与常规同功率（冷量）的压缩机基本一样，因 CO_2 单位容积制冷量高，活塞的直径和长度（与行程减小有关）都要减少，致使活塞的尺寸远小于普通的活塞。连杆小头、活塞销尺寸受到限制，各部分的应力非常集中，磨损也较严重。

7.4.1.4　压缩机排气压力变化

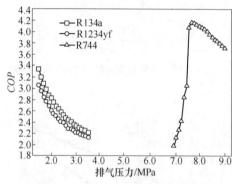

图 7-19　排气压力对热泵性能的影响

图 7-19 给出了排气压力对热泵性能的影响。从图中可以看出，在串联式太阳能压缩式热泵系统中，R134a 和 R1234yf 制冷剂热泵性能 *COP* 值都随着排气压力的升高而降低，CO_2 热泵循环 *COP* 值随着排气压力先升高后降低，且存在最优中间压力 8MPa，即在排气压力为 8MPa 的时候系统 *COP* 值最大为 4.1。主要是串联式系统驱动热源为储热水箱供给的水，可以实现与蒸发器的良好换热效果。

无论带节流阀的 CO_2 热泵循环还是带膨胀机的 CO_2 热泵循环，系统都存在最优高压压力，对应着最大系统 *COP* 值。Liao 等人对 CO_2 跨临界节流阀循环的研究表明[29]，气体冷却器出口温度、蒸发温度以及压缩机性能等因素对最优高压压力有很大的影响，并给出了最优高压压力与上述因素的关系式。

7.4.1.5　冷凝器出口温度变化

图 7-20 给出了冷凝器出口温度对系统热性能的影响。由图可以看出，无论是 R134a 热泵系统，或是 R1234yf 热泵系统，还是 R744 热泵系统，随着冷凝器出口温度的增加，三种制冷剂热泵系统性能均降低。R134a 和 R1234yf 热泵系统效率比较接近，CO_2 热泵性能随冷凝器出口温度下降幅度远高于另外两种工质热泵系统。研究表明，冷凝器出口温度对热泵性能的影响要比蒸发温度的影响显著。

试验测试时，可以采用较低的冷却水进口温度或加大冷却水流量的方法提高循环性能，使系统在更加安全高效的工况下运行。在气体冷却器设计时，尽量减小气体冷却器出口温度与冷却水入口温度之间的差值。

CO₂跨临界循环，没有常规工质压缩后的冷凝放热，是气体冷却过程[30]。这一过程的终点温度受环境温度（一般是35℃）限制，可确定为38℃或40℃。

图 7-21 给出了冷凝器出口温度对系统热效率的影响。由图可以看出，无论是 R134a 热泵系统，或是 R1234yf 热泵系统，还是 R744 热泵系统，随着冷凝器出口温度的增加，三种制冷剂热泵系统热效率均降低。R134a 和 R1234yf 热泵系统热效率比较接近，CO₂热泵系统热效率随冷凝器出口温度下降幅度远高于另外两种工质热泵系统。原因是 CO₂热泵节流损失比 R134a 和 R1234yf 热泵节流损失大很多，进而增加了 CO₂热泵压缩机耗功，造成了 CO₂热泵系统热效率较低。可以采用 CO₂膨胀机代替节流阀回收膨胀功或采用 CO₂双级压缩。

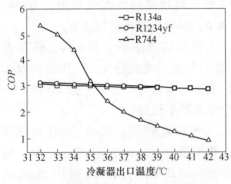

图 7-20　冷凝器出口温度对热泵性能的影响

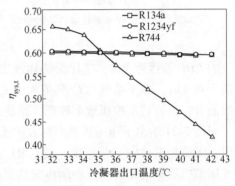

图 7-21　冷凝器出口温度对系统热效率的影响

图 7-22 给出了冷凝器出口温度对热泵效率的影响。由图可以看出，无论是 R134a 热泵系统，或是 R1234yf 热泵系统，还是 R744 热泵系统，随着冷凝器出口温度的增加，三种制冷剂热泵效率均降低。R134a 和 R1234yf 热泵效率比较接近，CO₂热泵效率随冷凝器出口温度下降幅度远高于另外两种工质热泵系统。这也使 CO₂热泵节流损失比 R134a 和 R1234yf 热泵节流损失大很多，进而 CO₂热泵系统热效率较低。

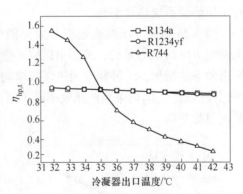

图 7-22　冷凝器出口温度对热泵效率的影响

7.4.1.6　压缩机效率变化

图 7-23 给出了压缩机效率[31]对热泵性能的影响。由图可以看出，无论是 R134a 热泵系统，或是 R1234yf 热泵系统，还是 R744 热泵系统，随着压缩机效率的增加，三种制冷剂热泵性能均增加。R134a 和 R1234yf 热泵性能比较接近，

CO_2热泵性能随压缩机效率增加幅度稍比另外两种工质热泵性能优越。

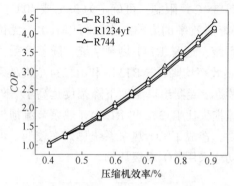

图 7-23　压缩机效率对热泵性能的影响

R134a 和 R1234yf 制冷剂热泵用压缩机压差小、压比大，CO_2热泵用压缩机压差大、压比小，导致 CO_2 压缩机内部泄漏损失、摩擦损失和流动损失等均比普通制冷剂压缩机损失大[32]。CO_2热泵压缩机工作条件要比普通工质压缩机更严峻。就压缩机工作条件改善和效率提高而言，对 CO_2 压缩机效率的提高带来的性能效果要比 R134a 和 R1234yf 压缩机更为显著。

压缩机效率小于 0.4 时，热泵系统的 COP 值接近于 1，这样无法体现出热泵的节能高效的特性。当压缩机效率高于 0.4 时，热泵系统的 COP 值大于 1，压缩机效率越高，热泵性能越优越。一般而言，活塞式压缩机效率较低，涡旋式压缩机效率较高。

图 7-24 给出了压缩机效率对太阳能热泵系统热效率[33]的影响。由图可以看出，无论是 R134a 热泵系统，或是 R1234yf 热泵系统，还是 R744 热泵系统，随着压缩机效率的增加，三种制冷剂热泵系统热效率均增加。R134a 和 R1234yf 热泵系统热效率比较接近，CO_2热泵系统热效率随压缩机效率增加幅度稍比另外两种工质热泵系统热效率高。

图 7-25 给出了压缩机效率对太阳能热泵系统效率的影响。由图可以看出，无论是 R134a 热泵系统，或是 R1234yf 热泵系统，还是 R744 热泵系统，随着压缩机效率的增加，三种制冷剂热泵效率均增加。R134a 和 R1234yf 热泵系统热效率比较接近，CO_2热泵系统热效率随压缩机效率增加幅度稍比另外两种工质热泵系统热效率高。

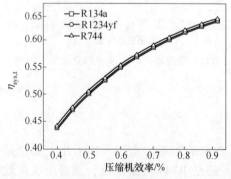

图 7-24　压缩机效率对系统热效率的影响

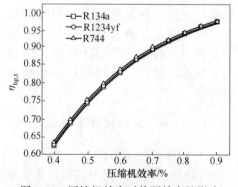

图 7-25　压缩机效率对热泵效率的影响

7.4.2 并联式系统性能分析

7.4.2.1 辐射强度的影响

给定集热器入口温度为 10℃，蒸发器出口温度为 15℃，R134a 和 R1234yf 制冷剂压缩机排气压力为 3.5MPa，R744 制冷剂压缩机排气压力为 7.5MPa，冷凝器出口温度为 35℃，压缩机效率为 0.75，研究太阳能辐射强度变化对热泵系统性能[34,35]的影响。

太阳能压缩式热泵系统热效率随辐射强度的变化，如图 7-26 所示。随着辐射强度的增加，三种工质的热泵系统热效率均随着辐射强度的增加而降低。在热泵系统热效率变化范围内，CO_2 热泵系统热效率最低，R134a 和 R1234yf 两种制冷剂热泵系统热效率并无明显差别，这与两种制冷剂的性能相近是有关的。

图 7-27 给出了太阳能辐射强度对压缩式热泵蓄热水箱温度的影响。无论是 R134a 热泵系统，或是 R1234yf 热泵系统，还是 R744 热泵系统，随着辐射强度的增加，三种热泵系统蓄热水箱的温度均近似线性升高，且三种热泵系统水箱温度差别很小。在并联式热泵系统中，蓄热水箱的温度除受来自集热器水的影响，还受热泵冷却水的限制。考虑到蓄热水箱作为热泵系统中冷凝器的放热设备，为减小传热损失，应尽可能地缩小冷凝器内制冷剂温度和放热热源换热温差。另外，如果蓄热水箱温度过高，当高于热泵冷凝器出口温度时，热泵因冷凝热不能释放而不能正常工作，可用增大循环水流量或减小集热器面积实现水箱温度的控制。

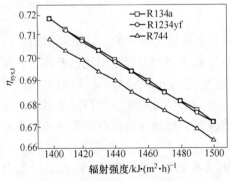

图 7-26 辐射强度对系统热效率的影响

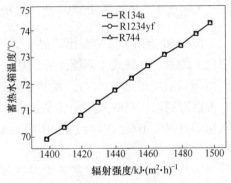

图 7-27 辐射强度对蓄热水箱温度的影响

太阳能辐射强度对集热器效率的影响，如图 7-28 所示。无论是 R134a 热泵系统，或是 R1234yf 热泵系统，还是 R744 热泵系统，随着辐射强度的增加，三种太阳能热泵系统集热器效率均近似线性升高，且三种集热器效率差别很小。采用优质吸热板材料、高性能吸收涂层、较高的太阳辐照度以及定期清理集热器表面积尘等，均有利于集热器效率的提高，进而提高并联式太阳能压缩式热泵系统性能。

　　图 7-29 给出了不同时刻水箱温度的变化。对于并联式太阳能压缩式热泵蓄热水箱，水温从 8：00 开始持续升高，到 13：00 左右水温保持在 60℃ 左右基本不变。空气源热泵系统在 8：00 开始启动，由于唐山冬季气候属于太阳能辐射强度较低的地区，热泵作为辅助加热的功能，占据的比重比较大，当水温达到60℃ 左右的时候，空气源热泵会暂时停止运行，当水温低于 60℃ 的时候，空气源热泵会再次启动，从而保持储热水箱一个稳定的水温。

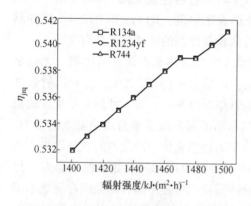

图 7-28　辐射强度对集热器效率的影响　　　图 7-29　不同时刻水箱温度的变化

7.4.2.2　集热器出口温度的影响

　　图 7-30 给出了集热器出口温度[36]对蓄热水箱温度的影响。随着集热器出口温度的增加，并联式太阳能压缩式热泵系统蓄热水箱的温度近似线性升高。当集热器出口温度超过 70℃ 时，蓄热水箱的温度已经超过了 75℃。较高的集热器出口温度对获取较高的太阳能热泵热水有利，但对集热器的安全运行以及减小蓄热水箱的热损失不利。因而，可用增大循环水流量、增加流速或减小集热器面积实现温度的控制。

　　集热器出口温度对集热器瞬时热效率的影响如图 7-31 所示。随着集热器出口温度的增加，并联式太阳能压缩式热泵系统的集热器瞬时热效率近似线性升高。当集热器出口温度超过 70℃ 时，集热器瞬时热效率已经超过了 57%。较高的集热器出口温度对提高集热器瞬时热效率有利，进而获取较高的太阳能热泵热水。但集热器出口温度过高，对集热器的安全运行不利，同时也加大蓄热水箱的热损失。

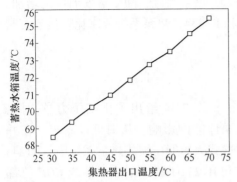

图 7-30 集热器出口温度对水箱温度的影响

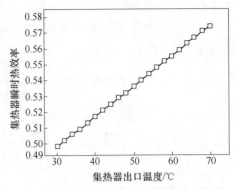

图 7-31 集热器出口温度对热效率的影响

7.4.2.3 蒸发温度的影响

给定集热器入口温度为 10℃，R134a 和 R1234yf 制冷剂压缩机排气压力为 3.5MPa，R744 制冷剂压缩机排气压力为 7.5MPa，冷凝器出口温度为 35℃，压缩机效率为 0.75，研究太阳能热泵蒸发温度[37]变化对系统性能的影响。

图 7-32 给出了蒸发温度对热泵性能的影响。无论是 R134a 热泵系统，或是 R1234yf 热泵系统，还是 CO_2 热泵系统，随着蒸发温度的增加，三种制冷剂热泵系统性能均增加。R134a 和 R1234yf 热泵系统性能比较接近，其性能优于 CO_2 热泵性能。分析其原因，CO_2 热泵节流压差比 R134a 和 R1234yf 两种热泵节流压差高很多，使得 CO_2 热泵节流损失比 R134a 和 R1234yf 热泵节流损失大很多，因而造成了 CO_2 热泵系统 COP 值较低[38]。为克服这一问题，CO_2 热泵系统可以采用膨胀机代替节流阀回收膨胀功或采用双级压缩。

对于实际的太阳能热泵产品，并联式系统的 COP 值小于串联式系统的 COP 值，这是由于并联式系统中空气源热泵驱动热源为室外空气，在供暖季室外温度很低，低于串联式系统中储热水箱供给水源热泵的水温。

图 7-33 给出了蒸发温度对热泵效率的影响。由图可以看出，无论是 R134a

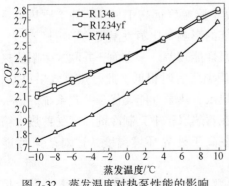

图 7-32 蒸发温度对热泵性能的影响

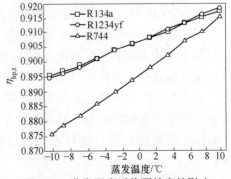

图 7-33 蒸发温度对热泵效率的影响

热泵系统，或是 R1234yf 热泵系统，还是 CO_2 热泵系统，随着蒸发温度的增加，三种制冷剂热泵系统效率均增加。R134a 和 R1234yf 热泵系统效率比较接近，其性能均优于 CO_2 热泵性能。

7.4.2.4　压缩机排气压力的影响

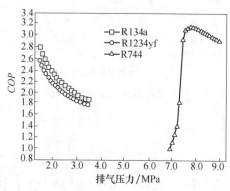

图 7-34　排气压力对热泵性能的影响

图 7-34 给出了排气压力[39] 对热泵性能的影响。从图可以看出，在并联式太阳能压缩式热泵系统中，R134a 和 R1234yf 制冷剂热泵性能 COP 值都随着排气压力的升高而降低，CO_2 热泵循环 COP 值随着排气压力先升高后降低，且存在最优中间压力 8MPa，即在排气压力为 8MPa 的时候系统 COP 值最大为 3.1。

对比串并联式太阳能热泵蒸发器取热热源，串联式系统和并联式系统的 R134a 和 R1234yf 热泵循环 COP 值都随着排气压力的升高而降低，CO_2 热泵循环 COP 值随着排气压力的升高先升高后降低，且存在最优中间压力。串联式系统 COP 值均高于并联式系统 COP 值，这是由于串联式系统驱动热源为储热水箱供给的水，而并联式系统驱动热源为室外空气，温度要比储热水箱供给的热水低很多，导致系统 COP 值相对较低。

7.4.2.5　冷凝器出口温度的影响

图 7-35 给出了冷凝器出口温度[40] 对热泵性能的影响。由图可以看出，无论是 R134a 热泵系统，或 R1234yf 热泵系统，还是 CO_2 热泵系统，随着冷凝器出口温度的增加，三种制冷剂热泵系统性能均降低。R134a 和 R1234yf 热泵系统效率比较接近，CO_2 热泵性能随冷凝器出口温度下降幅度远高于另外两种工质热泵系统。研究表明，冷凝器出口温度对热泵性能的影响要比蒸发温度的影响显著。

与串联式太阳能热泵相比，并联式热泵性能较差。一方面，并联式太阳能热泵蒸发器取热热源为环境空气，冬季时环境温度有时很低，此时热泵效果很差。串联式热泵蒸发器取热热源为蓄热水箱中热水，热泵性能要优于并联系统。另一方面，并联式太阳能热泵冷凝器放热发生在蓄热水箱中，制冷剂温度受蓄热水箱最高温度的限制，并且蓄热水箱温度往往高于外界环境温度，这对热泵性能不利。

图 7-36 给出了冷凝器出口温度对热泵效率的影响。由图可以看出，无论是

R134a 热泵系统，或是 R1234yf 热泵系统，还是 CO_2 热泵系统，随着冷凝器出口温度的增加，三种制冷剂热泵效率均降低。R134a 和 R1234yf 热泵效率比较接近，CO_2 热泵效率随冷凝器出口温度下降幅度远高于另外两种工质热泵系统。这也使 CO_2 热泵节流损失比 R134a 和 R1234yf 热泵节流损失大很多，进而 CO_2 热泵系统热效率较低。

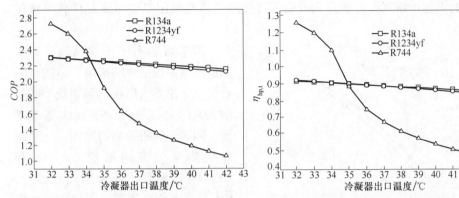

图 7-35　冷凝器出口温度对热泵性能的影响　　图 7-36　冷凝器出口温度对热泵效率的影响

　　与串联式太阳能热泵相比，相同的冷凝器出口温下，并联式热泵性能较差。主要原因是并联式热泵蒸发器从环境取热，并且冬季环境温度很低，使得蒸发器吸热能力不足，进而导致了蓄热水箱中冷凝器的放热不充分，进一步恶化了并联式热泵系统性能。

7.4.2.6　压缩机效率的影响

　　图 7-37 给出了压缩机效率[41]对热泵性能的影响。由图可以看出，无论是 R134a 热泵系统，或是 R1234yf 热泵系统，还是 CO_2 热泵系统，随着压缩机效率的增加，三种制冷剂热泵性能均增加。R134a 和 R1234yf 热泵性能比较接近，两种制冷剂热泵性能随压缩机效率增加幅度稍比 CO_2 热泵性能优越。

　　R134a 和 R1234yf 制冷剂热泵用压缩机压差小、压比大，CO_2 热

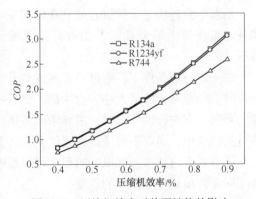

图 7-37　压缩机效率对热泵性能的影响

泵用压缩机压差大、压比小，导致 CO_2 压缩机内部泄漏损失、摩擦损失和流动损失等均比普通制冷剂压缩机损失大。CO_2 热泵压缩机工作条件要比普通工质压缩

机更严峻。就压缩机工作条件改善和效率提高而言，对 CO_2 压缩机效率的提高带来的性能效果要比 R134a 和 R1234yf 压缩机更为显著。

压缩机效率小于 0.45 时，R134a 和 R1234yf 制冷剂热泵系统的 *COP* 值小于 1，压缩机效率小于 0.50 时，CO_2 制冷剂热泵系统的 *COP* 值也小于 1，这样无法体现出热泵的节能高效的特性。因而，应尽可能提高压缩机的效率。可利用性能优越的涡旋压缩机代替活塞式或转子式压缩机，或采用双级压缩机代替单级压缩机。

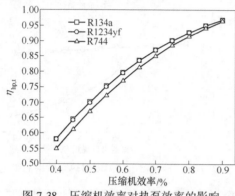

图 7-38　压缩机效率对热泵效率的影响

图 7-38 给出了压缩机效率对太阳能热泵系统效率的影响。由图可以看出，无论是 R134a 热泵系统，或是 R1234yf 热泵系统，还是 CO_2 热泵系统，随着压缩机效率的增加，三种制冷剂热泵效率均增加。R134a 和 R1234yf 热泵系统热效率比较接近，CO_2 热泵系统热效率随压缩机效率增加幅度稍比另外两种工质热泵系统热效率低些。

7.5　太阳能热泵系统㶲分析

热工设备或能量系统进行效率分析时，目前主要有两种方法：一种是热力学第一定律分析法，也称为热效率分析法；另一种是热力学第二定律，也称为㶲分析法[42~44]。

热效率分析法是衡量被有效利用的能量与消耗的能量在数量上的比值，不能体现能量在质上的差别，不能很好地反映设备的完善程度，是一个总体评价指标。

在一定环境条件下，通过一系列的变化（可逆过程），最终达到与环境处于平衡时，所能做出的最大功，称为㶲。㶲分析不仅考虑能量的数量，还要考虑能量的质量。在进行㶲分析时，需要考虑各项损失才能使㶲和㶲损失保持平衡。在不可逆损失中，内部不可逆损失无法直接计算或用相应的方程直接描述，只能通过间接方式求出结果。㶲损失的程度可以反映该过程的热力学完善度，是用能设备实际循环偏离理想循环的程度。

基于热力学第一定律，借助程序编制得出了相关因素与系统性能的关系。但实际过程均为不可逆过程，不可避免地存在做功能力减少等问题，为了准确衡量各项用能损失，改进循环的方向，㶲分析是一种很好的方法。利用热力学第二定律，建立了太阳能热泵系统㶲损失模型，并对系统各部件㶲损失情况进行分析。

计算了 R134a、R1234yf 和 CO_2 三种制冷剂在相应状态点的物性参数，借助编制的太阳能热泵性能分析软件，计算了太阳能压缩式热泵各部件的㶲损失，为减少系统能量损失进而提高系统效率提供理论依据。

7.5.1 太阳能压缩式热泵㶲分析模型

7.5.1.1 集热器㶲分析模型[45,46]

$$I_{cr} = \alpha A_c I_c \left(1 - \frac{T_a}{T_s} \right) - m_{cr}(e_{x,\ w-out} - e_{x,\ w-in}) \tag{7-32}$$

式中　α ——集热器对太阳辐射的吸收率；

I_{cr} ——太阳能集热器的㶲损失，kJ/s；

$e_{x,\ w-in}$ ——太阳能集热器进口水比㶲，kJ/kg；

$e_{x,\ w-out}$ ——太阳能集热器出口水比㶲，kJ/kg；

T_a ——环境温度，℃；

T_s ——太阳能辐射温度，℃；

A_c ——太阳能集热器面积，m^2；

I_c ——太阳能辐射强度，W/m^2；

m_{cr} ——太阳能集热器回路水流量，kg/s。

7.5.1.2 储热水箱㶲分析模型

$$I_{wt} = m_{cr}(e_{x,\ w-in} - e_{x,\ w-out}) - m_s \frac{de_{x3}}{dt} \tag{7-33}$$

式中　I_{wt} ——储热水箱的的㶲损失，kJ/s；

m_{cr} ——太阳能集热器回路水流量，kg/s；

m_s ——储热水箱的蓄水量，kg；

$e_{x,\ w-in}$ ——集热器端进入储热水箱水的比㶲，kJ/kg；

$e_{x,\ w-out}$ ——储热水箱流回集热器端水的比㶲，kJ/kg；

e_{x3} ——储热水箱中水的㶲，kJ/kg。

由于串联式系统储热水箱和并联式系统储热水箱在整个系统中的作用不同，并联式系统的储热水箱热量由集热器和空气源热泵共同供给，且水箱是负责系统供热的主要部件，为了便于和串联式系统对比分析，假设在放热用户端无㶲损失，简化分析过程。

7.5.1.3 蒸发器㶲分析模型

串联式太阳能压缩式热泵蒸发器：

$$I_{eva} = m_{cr}(e_{x, eva-in} - e_{x, eva-out}) - m_r(e_{x3} - e_{x6}) \tag{7-34}$$

并联式太阳能压缩式热泵蒸发器：

$$I_{eva} = m_a(e_{x, eva-in} - e_{x, eva-out}) - m_r(e_{x3} - e_{x6}) \tag{7-35}$$

式中　I_{eva}——蒸发器的㶲损失，kJ/s；

m_{cr}——太阳能集热器回路水流量，kg/s；

m_a——进入空气源热泵蒸发器空气质量流量，kg/s；

$e_{x, eva-in}$——进入蒸发器的水（空气）的比㶲，kJ/kg；

$e_{x, eva-out}$——流出蒸发器的水（空气）的比㶲，kJ/kg；

m_r——制冷剂质量流量，kg/s；

e_{x3}——制冷剂出口比㶲，kJ/kg；

e_{x6}——制冷剂进口比㶲，kJ/kg。

7.5.1.4　压缩机㶲分析模型

$$I_{com} = W_{com} - m_r(e_{x4} - e_{x3}) \tag{7-36}$$

式中　I_{com}——压缩机的㶲损失，kJ/s；

W_{com}——压缩机的耗功，kJ/s；

m_r——制冷剂质量流量，kg/s；

e_{x4}——制冷剂进口比㶲，kJ/kg。

7.5.1.5　冷凝器㶲分析模型

串联式太阳能压缩式热泵冷凝器：

$$I_{con} = m_r(e_{x4} - e_{x5}) - m_{hs}(e_{x, con-out} - e_{x, con-in}) \tag{7-37}$$

并联式太阳能压缩式热泵冷凝器：

$$I_{con} = m_r(e_{x4} - e_{x5}) - m_{wt}(e_{x, con-out} - e_{x, con-in}) \tag{7-38}$$

式中　I_{con}——冷凝器的㶲损失，kJ/s；

m_{wt}——空气源热泵冷凝器进出水箱的质量流量，kg/s；

e_{x4}——制冷剂进口比㶲，kJ/kg；

e_{x5}——制冷剂出口比㶲，kJ/kg；

$e_{x, con-out}$——冷凝器出水比㶲，kJ/kg；

$e_{x, con-in}$——冷凝器进水比㶲，kJ/kg。

7.5.1.6　节流阀㶲分析模型

$$I_v = m_r(e_{x5} - e_{x6}) \tag{7-39}$$

式中　m_r——制冷剂质量流量，kg/s；

e_{x5}——制冷剂出口比㶲，kJ/kg；

e_{x6}——制冷剂进口比㶲，kJ/kg。

7.5.1.7 集热器循环水泵㶲分析模型

$$I_{cp} = W_{cp}\left(1 - \frac{T_a}{T_{c, in}}\right) \tag{7-40}$$

式中　W_{cp}——水泵耗功，kW；

　　　$T_{c, in}$——集热器进口水温度，℃；

　　　T_a——环境温度，℃。

7.5.2 串联式太阳能压缩式热泵㶲损失分析

7.5.2.1 集热器㶲损失分析

图 7-39 给出了集热器㶲损失随集热器进口温度的变化。由图可以看出，集热器的㶲损失随着集热器进口温度的升高呈现出了先增大、后减少的趋势。当集热器进口温度为 10℃的时候，该串联式太阳能压缩热泵的集热器㶲损失达到最小，数值为 19.5kJ/s；当集热器进口温度为 52℃的时候，集热器㶲损失达到最大值，数值为 80.1kJ/s；当集热器进口温度超过 52℃后，集热器㶲损失开始降低。

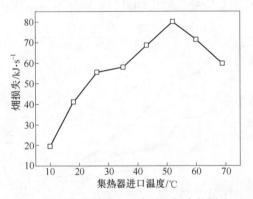

图 7-39　集热器进口温度对㶲损失的影响

7.5.2.2 蒸发器㶲损失分析

图 7-40 给出了蒸发器㶲损失[47]随蒸发温度的变化。由图可以看出，无论是 R134a 热泵系统，或是 R1234yf 热泵系统，还是 CO_2 热泵系统，随着蒸发温度的增加，三种制冷剂热泵中蒸发器㶲损失均降低。在蒸发温度变化范围内，CO_2 热泵系统对应的蒸发器㶲损失最大，R134a 热泵系统对应的蒸发器㶲损失最小，R1234yf 热泵系统对应的蒸发器㶲损失介于两者之间。在该串联式热泵系统中，CO_2 热泵循环的蒸发器最大㶲损失为 3.8kJ/s，R134a 热泵循环的蒸发器最小㶲损失为 1.4kJ/s。在系统实际运行过程中，应该加强系统管路的保温隔热措施，如在管道加装保温棉和使用传热热阻比较大的管道材料。

7.5.2.3 压缩机㶲损失分析

压缩机㶲损失[48]随排气压力的变化，如图 7-41 所示。由图可以看出，无论是 R134a 热泵系统，或是 R1234yf 热泵系统，还是 CO_2 热泵系统，随着排气压力的增加，三种制冷剂热泵中压缩机㶲损失均增加。在排气压力变化范围内，CO_2 热泵系统对应的压缩机㶲损失最大，R1234yf 热泵系统对应的压缩机㶲损失最小，R134a 热泵系统对应的压缩机㶲损失介于两者之间。

由于 CO_2 临界压力为 7.377MPa，CO_2 热泵系统排气压力的数值较高，通常可以达到 10~12MPa，使得压缩机对应的吸排气压差数值要比普通制冷剂压缩机高很多，这也是造成 CO_2 热泵压缩机㶲损失比较大的一个主要原因。另外，CO_2 热泵压缩机吸排气温差比普通压缩机大，从与环境散热损失角度考虑，CO_2 热泵压缩机散热㶲损失也比较大。R134a 和 R1234yf 制冷剂性能相近，因而这两种制冷剂对应的压缩机㶲损失差别并不很显著。

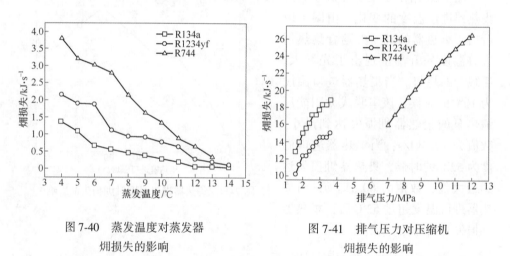

图 7-40　蒸发温度对蒸发器
㶲损失的影响

图 7-41　排气压力对压缩机
㶲损失的影响

7.5.2.4 冷凝器㶲损失分析

图 7-42 给出了冷凝器㶲损失[49]随冷凝器出口温度的变化。由图可以看出，无论是 R134a 热泵系统，或是 R1234yf 热泵系统，还是 CO_2 热泵系统，随着冷凝器出口温度的增加，三种制冷剂热泵中冷凝器㶲损失均降低。在冷凝器出口温度变化范围内，R134a 热泵系统对应的冷凝器㶲损失最大，数值为 24.8kJ/s；CO_2 热泵系统对应的冷凝器㶲损失最小，数值为 11.6kJ/s；R1234yf 热泵系统对应的冷凝器㶲损失介于两者之间。

7.5.2.5 节流阀㶲损失分析

图 7-43 给出了节流阀㶲损失[50]随节流压差的变化。由图可以看出，随着节流压差的增加，R134a 热泵系统和 R1234yf 热泵系统节流阀㶲损失均近似线性增加。对应相同的节流压差，R134a 热泵系统节流阀㶲损失大于 R1234yf 热泵系统。随着节流压差的增加，CO_2 热泵系统节流阀㶲损失先降低后增加，并且当节流压差为 4.72MPa 时，CO_2 热泵系统对应的节流阀㶲损失最小值为 10.5kJ/s。综合对比表明，无论是 R134a 热泵系统，还是 R1234yf 热泵系统，节流压差普遍低于 CO_2 热泵系统；相应的两种热泵系统㶲损失也均小于 CO_2 热泵系统。

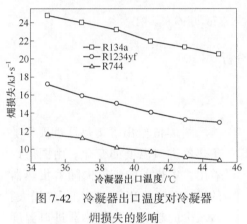

图 7-42 冷凝器出口温度对冷凝器
㶲损失的影响

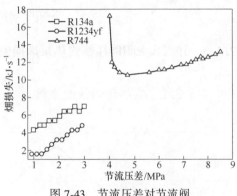

图 7-43 节流压差对节流阀
㶲损失影响

7.5.2.6 水泵㶲损失分析

图 7-44 给出了水泵㶲损失[51]随集热器进口水温的变化。由图可以看出，随着集热器进口水温的增加，水泵㶲损失近似线性增加。因而，应尽可能降低集热器进口水温，以减少水泵㶲损失。

7.5.2.7 水箱㶲损失分析

图 7-45 给出了水箱㶲损失[52]随水箱出口温度的变化。由图可以看出，随着水箱出口温度的增加，水箱㶲损

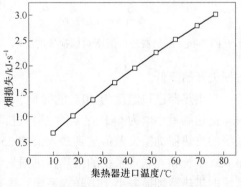

图 7-44 集热器进口温度对水泵㶲损失影响

失近似线性增加。因而，应尽可能降低水箱出口温度，以减少水箱㶲损失。

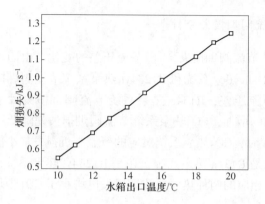

图 7-45 水箱出口温度对水箱烟损失的影响

7.5.3 并联式太阳能压缩式热泵烟损失分析

7.5.3.1 集热器烟损失分析

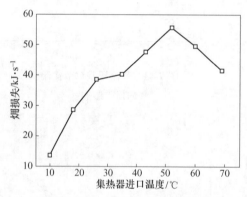

图 7-46 集热器进口温度对烟损失的影响

图 7-46 给出了集热器烟损失随集热器进口温度的变化。由图可以看出，集热器的烟损失随着集热器的进口温度的升高呈现出了先增大、后减少的趋势。当集热器进口温度为 10℃ 的时候，该并联式太阳能压缩热泵的集热器烟损失达到最小值，数值为 13.6kJ/s；当集热器进口温度为 52℃ 的时候，集热器烟损失达到最大值，数值为 55.7kJ/s。当集热器进口温度超过 52℃ 后，集热器烟损失开始降低。

当集热器进口温度为 10℃ 的时候，串联式系统和并联式系统的集热器烟损失差值达到最小值为 6kJ/s；当集热器进口温度为 52℃ 时，串联式系统和并联式系统的集热器烟损失差值达到最大值 25kJ/s。当集热器进口温度超过 52℃ 后，串联式系统和并联式系统的集热器烟损失差值开始降低。由图可以看出，并联式系统的集热器烟损失小于串联式系统，这是由于并联式系统的太阳能集热器回路的流量小于串联式系统，当进出口温差一定的情况下，质量流量越大，烟损失越大。

7.5.3.2 蒸发器㶲损失分析

图 7-47 给出了蒸发器㶲损失随蒸发温度的变化。由图可以看出，无论是 R134a 热泵系统，或是 R1234yf 热泵系统，还是 CO_2 热泵系统，随着蒸发温度的增加，三种制冷剂热泵中蒸发器㶲损失均降低。在蒸发温度变化范围内，CO_2 热泵系统对应的蒸发器㶲损失最大，R1234yf 热泵系统对应的蒸发器㶲损失最小，R134a 热泵系统对应的蒸发器㶲损失介于两者之间。

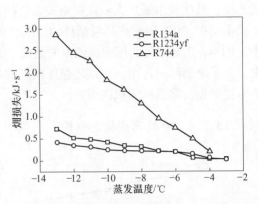

图 7-47 蒸发温度对蒸发器㶲损失的影响

在该并联式热泵系统中，CO_2 热泵循环的蒸发器最大㶲损失为 2.8kJ/s，R134a 热泵循环的蒸发器最小㶲损失为 0.4kJ/s。

无论串联式热泵系统，还是并联式热泵系统，随着蒸发温度的增加，CO_2、R134a 和 R1234yf 三种热泵系统对应的蒸发器㶲损失均逐渐减小，也就是较高的蒸发温度，系统的效率也较好。串联式系统与并联式系统热泵的蒸发温度由于驱动热源不同，温度区间也不同。在蒸发温度变化范围内，并联热泵系统蒸发器㶲损失要比串联式热泵系统数值小。在系统实际运行过程中，应该加强系统管路的保温隔热措施，如在管道加装保温棉和使用传热热阻比较大的管道材料。

7.5.3.3 压缩机㶲损失分析

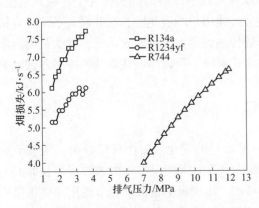

图 7-48 排气压力对压缩机㶲损失的影响

压缩机㶲损失随排气压力的变化如图 7-48 所示。由图可以看出，无论是 R134a 热泵系统，或是 R1234yf 热泵系统，还是 CO_2 热泵系统，随着排气压力的增加，三种制冷剂热泵中压缩机㶲损失均增加。在排气压力变化范围内，R134a 热泵系统对应的压缩机㶲损失要大于 R1234yf 热泵系统压缩机㶲损失。

从图 7-41 和图 7-48 可以看出，串联式和并联式太阳能压缩式热泵系统压缩机烟损失都随着排气压力的升高而增大。串联式太阳能压缩式系统的压缩机烟损失大于并联式系统，首先是因为串联式系统的压缩机排气温度高于并联式系统；其次是串联式太阳能压缩式系统热泵制冷剂流量大于并联式系统。在串联系统中，CO_2压缩式热泵循环的压缩机烟损失最大为 24kJ/s；在并联式系统中，R134a 热泵循环的压缩机烟损失最大，为 7.7 kJ/s。为了减小压缩机的烟损失，在系统实际运行中，应该增强压缩机的润滑和减小压缩机的泄漏，从而减小不可逆损失，降低压缩机烟损失。

7.5.3.4　冷凝器烟损失分析

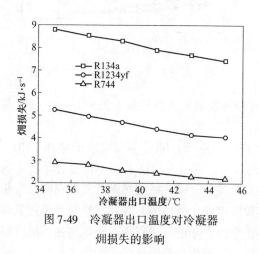

图 7-49　冷凝器出口温度对冷凝器
烟损失的影响

图 7-49 给出了冷凝器烟损失随冷凝器出口温度的变化。由图可以看出，无论是 R134a 热泵系统，或是 R1234yf 热泵系统，还是 CO_2 热泵系统，随着冷凝器出口温度的增加，三种制冷剂热泵中冷凝器烟损失均降低。在冷凝器出口温度变化范围内，R134a 热泵系统对应的冷凝器烟损失最大，数值为 8.8kJ/s；CO_2 热泵系统对应的冷凝器烟损失最小，数值为 2.9kJ/s；R1234yf 热泵系统对应的冷凝器烟损失介于两者之间。

从图 7-42 和图 7-49 可以看出，串联式系统和并联式系统的冷凝器烟损失都随着冷凝温度的升高而缓慢降低。串联式系统的冷凝器烟损失大于并联式系统。首先是因为串联式系统中的冷凝器是直接向用户端放热的，而并联式系统是直接向储热水箱供热的，导致串联式系统的传热温差大于并联式系统，其次是因为串联式系统中的制冷剂质量流量大于并联式系统。所以串联式系统的冷凝器烟损失大于并联式系统。

7.5.3.5　节流阀烟损失分析

图 7-50 给出了节流阀烟损失随节流压差的变化。由图可以看出，随着节流压差的增加，R134a 和 R1234yf 热泵系统中节流阀烟损失近似线性增加，而 CO_2 热泵系统节流阀烟损失均先降低、后增加，出现极值情况。在节流压差变化范围内，CO_2 热泵系统对应的节流阀烟损失最大，R1234yf 热泵系统对应的节流阀烟损失最小，R134a 热泵系统对应的节流阀烟损失介于两者之间。

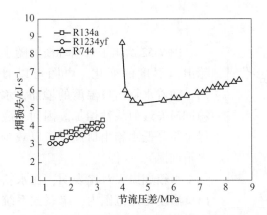

图 7-50 节流压差对节流阀㶲损失影响

图 7-43 和图 7-50 对比表明，R134a 和 R1234yf 制冷剂的串联式系统和并联式系统的节流阀㶲损失随着节流压差的增大而升高。其中使用制冷剂 R134a 的串联式系统节流阀㶲损失大于并联式系统；使用制冷剂 R1234yf 串联式太阳能压缩式热泵系统的节流阀㶲损失在节流压差小于 2.1MPa 的时候小于并联式系统；当节流压差大于 2.1MPa 的时候，串联式太阳能压缩式热泵系统的节流阀㶲损失大于并联式系统。由于串联式太阳能压缩式热泵系统制冷剂流量大于并联式系统，使用制冷剂 CO_2 的串联式系统节流㶲损失大于并联式系统，且随着节流压差的增大，㶲损失先降低、后升高，当节流压差为 4.72MPa 时，使用制冷剂 CO_2 的串联式系统和并联式系统节流阀㶲损失达到最小值，分别为 10.5kJ/s 和 5.3kJ/s。

7.5.3.6 水泵㶲损失分析

图 7-51 给出了水泵㶲损失随集热器进口水温的变化。由图可以看出，随着集热器进口水温的增加，水泵㶲损失近似线性增加。因而，应尽可能降低集热器进口水温，以减少水泵㶲损失。

水泵㶲损失对比表明，串联式系统和并联式系统的集热器循环水泵的㶲损失随集热器进口温度的升高而增大。这是由于集热器进口温度越高，流经循环水泵的温度也越

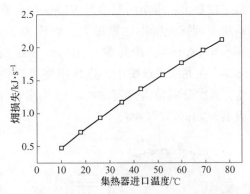

图 7-51 集热器进口温度对水泵㶲损失影响

高，不可逆损失也越大。由于串联式系统太阳能集热器循环回路流量大于并联式系统，因此串联式系统集热器循环水泵的㶲损失大于并联式系统。当集热器进口温度为 77℃时，串联式系统和并联式系统的集热器循环水泵㶲损失差值达到最大，数值为 12kJ/s。

7.5.3.7　水箱㶲损失分析

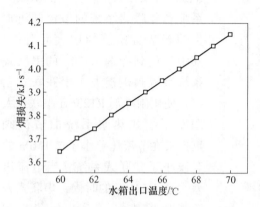

图 7-52　水箱出口温度对水箱㶲损失的影响

图 7-52 给出了水箱㶲损失随水箱出口温度的变化。由图可以看出，随着水箱出口温度的增加，水箱㶲损失近似线性增加。因而，应尽可能降低水箱出口温度，以减少水箱㶲损失。

水箱㶲损失对比表明，在水箱出口温度变化范围内，串联式系统水箱㶲损失比并联式系统水箱㶲损失小。水箱出口温度较低时，串联式和并联式系统水箱㶲损失差值较小，随着水箱出口温度的增加，两种系统水箱㶲损失差值变大。

7.5.4　太阳能压缩式热泵系统㶲损失分析

7.5.4.1　R134a 制冷剂的太阳能压缩式热泵㶲损失

图 7-53 给出了 R134a 制冷剂的太阳能压缩式热泵各主要设备㶲损失情况。由图可以看出：当使用制冷剂 R134a 时，在串联式系统中，太阳能集热器在整个系统中㶲损失所占比重最大，数值为 27.27%，其次分别是节流阀 22.73%、循环水泵 18.18%、冷凝器 13.64%、压缩机 9.09%、蒸发器 4.55% 和储热水箱 4.55%；在并联式系统中，热泵压缩机在整个系统中㶲损失所占比重最大，为 24%，其次分别是集热器 20%、储热水箱 16%、节流阀 16%、循环水泵 12%、冷凝器 8% 和蒸发器 4%。

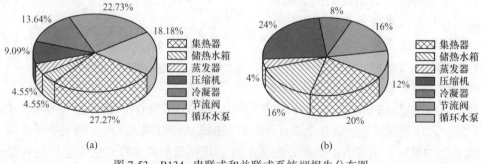

图 7-53　R134a 串联式和并联式系统㶲损失分布图

（a）串联系统；（b）并联系统

7.5.4.2 CO_2制冷剂的太阳能压缩式热泵㶲损失

基于上述分析，R134a 和 R1234yf 制冷剂性能比较接近，而太阳能集热器、储热水箱、循环水泵等受制冷剂种类的影响较小，所以 R1234yf 制冷剂分析与R134a 几乎相同，不再赘述。图 7-54 给出了 CO_2 制冷剂的太阳能压缩式热泵各主要设备㶲损失情况。

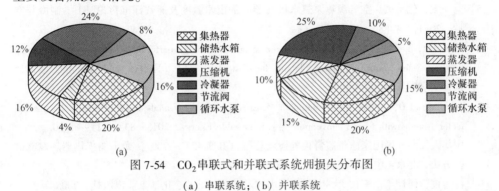

图 7-54 CO_2 串联式和并联式系统㶲损失分布图

（a）串联系统；（b）并联系统

由图可以看出：在使用制冷剂 CO_2 时，在串联式系统中，冷凝器在整个系统中㶲损失所占比重最大为 24%，其次分别为太阳能集热器 20%、循环水泵 16%、蒸发器 16%、压缩机 12%、节流阀 8%和储热水箱 4%；在并联式系统中，压缩机在整个系统中㶲损失所占比重最大为 25%，其次分别为太阳能集热器 20%、储热水箱 15%、循环水泵 15%、冷凝器 10%、蒸发器 10%和节流阀 5%。在串联式系统和并联式系统中，串联式系统的冷凝器㶲损失大于并联式系统。这是由于在串联式系统中，冷凝器是直接放热供暖端；而在并联式系统中，冷凝器是作为储热水箱的一个辅助加热部件，并不是一直运行，㶲损失相对小一些。在热泵系统使用制冷剂 CO_2 时，压缩机㶲损失要比使用制冷剂 R134a 时候在系统㶲损失所占的比例大，这是由于 CO_2 运行压力比较高，在运行过程中有用能损失比较多。

7.6   小结

本章介绍了串联式太阳能压缩式热泵系统和并联式太阳能压缩式热泵系统的工作原理，建立了太阳能压缩式热泵系统各部件的模型，并基于 Visual Basic 编制了太阳能压缩式热泵系统性能分析程序，分析了太阳能辐射强度、蒸发温度、排气压力、冷凝温度、节流压差对系统性能的影响。建立了太阳能压缩式热泵系统各部件㶲损失模型，分析了系统各部件的㶲损失变化情况。串联式系统㶲损失要大于并联式系统，在 R134a 串联式和并联式系统中，太阳能集热器和压缩机分别为㶲损失最大的部件；在 CO_2 串联式和并联式系统中，冷凝器和压缩机分别为㶲损失最大的部件。

参 考 文 献

［1］赵军，戴传山. 地源热泵技术与建筑节能应用 ［M］. 北京：中国建筑工业出版社，2007.

［2］王如竹. 制冷学科进展研究与发展报告 ［R］. 北京：科学出版社，2007.

［3］张祉祐. 制冷原理与制冷设备 ［M］. 北京：机械工业出版社，1995.

［4］楼静. 并联式太阳能热泵热水机组智能控制技术研究 ［D］. 长沙：中南大学，2009.

［5］马一太，代宝民. 空气源热泵热水机（器）的出水温度及能效标准讨论 ［J］. 制冷与空调，2014，14（8）：123~127.

［6］Shilin Qu, Fei Ma, Ru Ji, et al. System design and energy performance of a solar heat pump heating system with dual-tank latent heat storage ［J］. Energy and Buildings, 2015 （105）：294~301.

［7］Bahrehmand D, Ameri M, Gholampour M. Energy and exergy analysis of different solar air collector systems with forced convection ［J］. Renewable Energy, 2015 （83）：1119~1130.

［8］中华人民共和国国家质量监督检验检疫总局. GB/T 4271—2007，太阳能集热器热性能试验方法. 北京：中国标准出版社，2007.

［9］罗运俊，何梓年，王长贵. 太阳能利用技术 ［M］. 北京：化学工业出版社，2005.

［10］刘一福. 扰流板型太阳能平板空气集热器数值模拟研究 ［D］. 衡阳：南华大学，2012.

［11］高腾. 平板太阳能集热器的传热分析及设计优化 ［D］. 天津：天津大学，2011.

［12］王兴华. 平板太阳空气集热器增湿工况热效能研究 ［D］. 兰州：兰州交通大学，2013.

［13］Jens Glembin, Christoph Büttner, Jan Steinweg, et al. Thermal Storage Tanks in High Efficiency Heat Pump Systems-Optimized Installation and Operation Parameters ［J］. Energy Procedia, 2015 （73）：331~340.

［14］马文瑞. 太阳能热泵供暖系统运行优化研究 ［D］. 哈尔滨：哈尔滨工业大学，2011.

［15］梁国峰. 新型太阳能辅助多功能热泵系统的理论与实验研究 ［D］. 杭州：浙江大学，2010.

［16］王婷，陈海耿，赵巍，等. 小型制冷系统的稳态模拟 ［J］. 中国工程科学，2007，9（3）：97~102.

［17］缪道平. 活塞式制冷压缩机 ［M］. 北京：机械工业出版社，1992.

［18］何汉峰，季杰，裴刚，等. 基于稳态分布参数模型的光伏蒸发器的数值模拟 ［J］. 太阳能学报，2007，28（11）：1173~1181.

［19］管海清，马一太，李敏霞，等. CO_2 跨临界循环热力学对比分析 ［J］. 流体机械，2004，32（6）：39~42.

［20］Hongli Wang, Yitai Ma, Jingrui Tian. Theoretical analysis and experimental research on transcritical CO_2 two stage compression cycle with two gas coolers （TSCC + TG）and the cycle with intercooler （TSCC + IC）［J］. Energy Conversion and Management, 2011 （52）：2819~2828.

［21］Eunsung Shin, Chasik Park, Honghyun Cho. Theoretical analysis of performance of a two-stage compression CO_2 cycle with two different evaporating temperatures ［J］. International Journal of Refrigeration, 2014 （47）：164~175.

[22] Lerch W, Heinz A, Heimrath R. Direct use of solar energy as heat source for a heat pump in comparison to a conventional parallel solar air heat pump system [J]. Energy and Buildings, 2015 (100): 34~42.

[23] 朱婷婷, 刁彦华, 赵耀华, 等. 基于平板微热管阵列的新型太阳能空气集热器热性能及阻力特性研究 [J]. 太阳能学报, 2015, 36 (4): 963~970.

[24] 蒋志杰, 潘勇, 李旭军. 基于微通道的太阳能集热器及其性能模拟 [J]. 节能技术, 2014, 32 (5): 423~426.

[25] Hongli Wang, Ning Jia, Qilong Tang, et al. Performance analysis of refrigerants R1234yf two stage compression cycle with a throttle valve and an expander [J]. Advanced Materials Research, 2013 (753-755): 2774~2777.

[26] Nattaporn Chaiyat, Tanongkiat Kiatsiriroat. Simulation and experimental study of solar-absorption heat transformer integrating with two-stage high temperature vapor compression heat pump [J]. Case Studies in Thermal Engineering, 2014 (4): 166~174.

[27] Neeraj Agrawal, Souvik Bhattacharyya, Sarkar J. Optimization of two-stage transcritical carbon dioxide heat pump cycles [J]. International Journal of Thermal Sciences, 2007 (46): 180~187.

[28] Alberto Cavallini, Luca Cecchinato, Marco Corradi, et al. Two-stage transcritical carbon dioxide cycle optimisation: A theoretical and experimental analysis [J]. International Journal of Refrigeration, 2005 (28): 1274~1283.

[29] Liao S M, Zhao T S, Jakobsen A. A correlation of optimal heat rejection pressures in transcritical carbon dioxide cycles [J]. Applied Thermal Engineering, 2000, 20 (9): 831~841.

[30] 马一太, 杨俊兰, 刘圣春, 等. CO_2跨临界循环与传统制冷循环的热力学分析 [J]. 太阳能学报, 2005, 26 (6): 836~841.

[31] Hongli Wang, Jingrui Tian, Xiujuan Hou. On the coupled system performance of transcritical CO_2 heat pump and Rankine cycle [J]. Heat and Mass Transfer, 2013, 49 (12): 1733~1740.

[32] Hongli Wang, Jingrui Tian, Huiqin Liu. Performance Analysis of Transcritical CO_2 Compression Cycle [J]. Communications in Computer and Information Science, 2012 (308): 730~736.

[33] Suleman F, Dincer I, Agelin-Chaab M. Energy and exergy analyses of an integrated solar heat pump system [J]. Applied Thermal Engineering, 2014, 73 (1): 559~566.

[34] Izquierdo M, P. de Agustín-Camacho. Solar heating by radiant floor: Experimental results and emission reduction obtained with a micro photovoltaic-heat pump system [J]. Applied Energy, 2015 (147): 297~307.

[35] Kang Zhao, Xiaohua Liu, Yi Jiang. Application of radiant floor cooling in a large open space building with high-intensity solar radiation [J]. Energy and Buildings, 2013 (66): 246~257.

[36] 李戡洪, 江晴. 一种高效平板太阳能集热器试验研究 [J]. 太阳能学报, 2001, 22 (2): 239~243.

[37] Aymeric Girard, Eulalia Jadraque Gago, Tariq Muneer, et al. Higher ground source heat pump COP in a residential building through the use of solar thermal collectors [J]. Renewable Energy,

2015（80）：26～39.

［38］ 马一太，袁秋霞，李敏霞. 跨临界 CO_2 带膨胀机和带喷射器逆循环的性能比较［J］. 低温与超导，2011，39（5）：36～41.

［39］ Laurent Dardenne，Enrico Fraccari，Alessandro Maggioni，et al. Semi-empirical modelling of a variable speed scroll compressor with vapour injection［J］. International Journal of Refrigeration，2015（54）：76～87.

［40］ Xiuwei Yin，Wen Wang，Vikas Patnaik，et al. Evaluation of microchannel condenser characteristics by numerical simulation［J］. International Journal of Refrigeration，2015（54）：126～141.

［41］ 范立娜，陶乐仁，杨丽辉. 变频转子式压缩机降低吸气干度对容积效率的影响［J］. 上海理工大学学报，2014，36（4）：312～316.

［42］ 汤学忠. 热能转换余利用［M］. 北京：冶金工业出版社，2002.

［43］ Goran D. Vučković，Mirko M. Stojiljković，Mića V. Vukić. First and second level of exergy destruction splitting in advanced exergy analysis for an existing boiler［J］. Energy Conversion and Management，2015（104）：8～16.

［44］ Jianqin Zhu，Kai Wang，Hongwei Wu，et al. Experimental investigation on the energy and exergy performance of a coiled tube solar receiver［J］. Applied Energy，2015（156）：519～527.

［45］ 旷玉辉，张开黎，于立强. 太阳能热泵系统（SAHP）的热力学分析［J］. 青岛建筑工程学院学报，2001，22（4）：80～83.

［46］ 王海英. 太阳能热泵系统的热力学分析［J］. 山东暖通空调，2007（2）：348～352.

［47］ Hamed Sadighi Dizaji，Samad Jafarmadar，Mehran Hashemian. The effect of flow，thermodynamic and geometrical characteristics on exergy loss in shell and coiled tube heat exchangers［J］. Energy，2015（91）：678～684.

［48］ Mahmood Farzaneh-Gord，Amir Niazmand，Mahdi Deymi-Dashtebayaz，et al. Thermodynamic analysis of natural gas reciprocating compressors based on real and ideal gas models［J］. International Journal of Refrigeration，2015（56）：186～197.

［49］ Hamed O A，Zamamiri A M，Aly S，et al. Thermal performance and exergy analysis of a thermal vapor compression desalination system［J］. Energy Conversion and Management，1996，37（4）：379～387.

［50］ Junlan Yang，Yitai Ma，Minxia Li，et al. Exergy analysis of transcritical carbon dioxide refrigeration cycle with an expander［J］. Energy，2005，30：1162～1175.

［51］ Moonis R. Ally，Jeffrey D. Munk，Van D. Baxter，et al. Exergy analysis of a two-stage ground source heat pump with a vertical bore for residential space conditioning under simulated occupancy［J］. Applied Energy，2015（155）：502～514.

［52］ Osorio J D，Rivera-Alvarez A，Swain M，et al. Exergy analysis of discharging multi-tank thermal energy storage systems with constant heat extraction［J］. Applied Energy，2015（154）：333～343.